U0359255

编委会主任：朱镕

编委会委员（以姓氏笔画为序）：
王大鹏　王彦　王灏　冯正功　刘宇扬　刘晓都　张之扬　张弘　张华　何哲　张晓奕　张晓亮
张斌　罗劲　周蔚　钟乔　俞挺　祝晓峰　荣朝晖　唐威　钱强　崔勇　曹晓昕　董屹　赖军

境外编委：
Davide Macullo（瑞士）　Jeong Hoon LEE（韩）　Jos van Eldonk（荷）　Maurits Algra（荷）
Michael Haste（英）　Scott Kilbourn（美）　Tiago do Vale（葡）　Victor de Leeuw（荷）

合作单位：
CCDI 悉地国际　　OMA 建筑事务所　　法国 Arte - 夏邦杰事务所
广州瀚华建筑设计有限公司　　如恩设计研究室　　张雷联合建筑事务所

图书在版编目（ＣＩＰ）数据

中国建筑设计年鉴.2014：全 2 册 /《中国建筑设
计年鉴》编委会编；李婵，常文心译. -- 沈阳:辽宁科学
技术出版社，2014.8
　ISBN 978-7-5381-8744-1

　Ⅰ．①中⋯　Ⅱ．①中⋯ ②李⋯ ③常⋯　Ⅲ．①建筑设
计－中国－2014－年鉴　Ⅳ．①TU206-54

　中国版本图书馆CIP 数据核字(2014)第 164913 号

出版发行：辽宁科学技术出版社
　　　　　（地址：沈阳市和平区十一纬路29号　邮编：110003）
印　刷　者：利丰雅高印刷（深圳）有限公司
经　销　者：各地新华书店
幅面尺寸：240mm×305mm
印　　　张：67
插　　　页：8
字　　　数：100千字
印　　　数：1～1800
出版时间：2014年 8 月第 1 版
印刷时间：2014年 8 月第 1 次印刷
责任编辑：刘翰林　孙　阳　张　珩　韩欣桐
封面设计：杨春玲
版式设计：杨春玲
责任校对：周　文
书　　　号：ISBN 978-7-5381-8744-1
定　　　价：558.00元

联系电话：024-23284360
邮购热线：024-23284502
E-mail：lnkjc@126.com
http://www.lnkj.com.cn
本书网址：www.lnkj.cn/uri.sh/8744

2014

中国建筑设计年鉴

（上册）

CHINESE ARCHITECTURE
YEARBOOK 2014

《中国建筑设计年鉴》编委会 编 ■

李婵、常文心 译

辽宁科学技术出版社

目录

传
承

融
合

挑
战

2014杰出建筑师介绍 Feature Architects 2014

创
新

个
性

绿
色

前言

　　建筑的发展和演变历程是源于不同时期的社会经济、文化、技术的状况。建筑是历史的一面镜子，也是社会历史的史书。建筑绝对不是来自于建筑师的突发奇想，而且建筑的演变从来不是一帆风顺的。进步和倒退，曲折和迂回，从来就是建筑发展的轨迹。

　　当前的中国社会，城市之间的差异化日渐式微，清一色所谓"国际式"的现代建筑，模糊了由于地域不同而产生的文化差异，让每个城市如此熟悉又如此陌生。须知道，我国历史文化源远流长，但建筑却被普世的、理性的"国际风格"与商业主义所绑架。我们所面临的不仅仅是千城一面的状况，更是在面临现代文明的同时，如何传承、发展当代建筑文化以及如何影响未来建筑文化发展的问题。幸运的是，并不是每位中国建筑师都以同样的方式看待建筑与城市规划，他们的许多作品并不是"全球化"的，而是立足于对区域环境和传统的诠释。

　　今天的中国建筑和中国建筑师不断地在西方建筑观念与中国传统文化和价值观中实现某种平衡，从而树立起新的自我认同。由此，本书在"评论与争鸣"和"创作与交流"板块中邀请来自世界各地的国际知名建筑师、建筑评论家和教育家等，以客观、理性的态度，对中国当代建筑的整体状况和新形象予以专业的评析和诠释。这些专业人士虽然拥有各自的文化历史背景，但却共同拥有高度敏锐的建筑分析视角与欣赏眼光，他们从建筑理念、建筑风格、传统与现代文明的触碰融合、建筑与社会发展、技术与设计的创新等多个方面给予中国建筑深入而理性的分析和建议，从这些内容中，我们可以看到中国建筑向前演进的印记和未来发展的契机；中国建筑师在中国当代建筑的发展中所发挥出的创造性。同时我们也应该从中反思建筑环境与中国建筑发展中存在的不和谐；建筑设计工作中应该增加的思考、创新和更多的批判视角。总之，本书要留给读者的是思索和启发，中国拥有大量的建筑实践机会，但缺乏的是思想的沉淀、积累和进步，中国建筑能留给世界的不仅仅是世界上最密集的建造数量，还应该有质量、思考、理论和启示。

随着全球化进程的不断推进，建筑越来越全球化，建筑师也越来越像国际明星，向全世界推广着他们的"国际产品"。对于中国建筑师来说，尤其是奋战在创作一线的建筑师，也无时无刻不在现实和理想的夹缝中徘徊、在开发商利益和建筑师天赋职责间游走。大部分的城市建设无论提出何种卖点，都要以获取最大的利益为目的，甚至以不惜牺牲公众利益为代价，这种经济状态已经衍生出了一种新型的建筑设计生态。建筑师们在这巨大的心理和生理压力下、在生存和环境的驱使下，很多地选择了沉默和麻木。使建筑设计这项本该充满情趣和活力的工作变得生硬和僵化。殊不知，好的建筑设计始于对美好生活追求的激情、对未知的好奇和探索，而激情、好奇心、探索精神无疑是建筑师们典型的特质。由此可见，工作热情和敏感度的回归才能让设计回归、建筑回归。值得欣慰的是，当下不少中国建筑师，在复杂的建筑现象中，在商业性的大环境之下，仍然苦苦坚持着自己对文化的尊重，对未来的探索，从不言弃。正是他们怀揣的一腔激情和对时代的感恩之心，激励了他们在设计的道路上不断执着前行；正是他们的坚持，扛起了设计人的良知与责任。本书正是对这些中国建筑师的礼赞。

中国建筑的本质正在演进，从过去恣意的自由表现，到现在更精致的、深思熟虑的表达。从中可以看到，繁荣与危机俱在，机遇和挑战共存。我们希望本书中所呈现的中国本土建筑作品，可以约略描绘出近几年来中国建筑师们回应"中国建筑"这一命题的图景，可以解读他们在那些双刃剑般的条件下所付出的努力、妥协与坚持。

总之，希望这套合集不仅能够呈现中国当代建筑实践的成果，更能帮助我们相互学习和借鉴，促使我们以批判性的态度积极思考，并不断追问中国建筑的未来。

《中国建筑设计年鉴》编委会

评论与争鸣

中国建筑现代化的演进及思考

文：王大鹏

（一）现代化的前奏

中国近现代以来社会变革不仅巨大，而且特别被动，新中国成立前，首当其冲的任务是救亡图存。在学习追赶西方的过程中，无论是"师夷长技以制夷"，还是"中学为体西学为用"，基本都是围绕着"坚船利炮"进行的。救亡图存的终极目的当然不只是成为另一个西方，这点当时的社会各界也深刻急切的意识到了，只是形势所迫，当时的志士贤达基本来不及设想我们一旦赶上西方将会是什么样子，那时我们又该如何来建设自己的祖国和家园，乃至我们会过上什么样的生活。

在中国传统文化中基本没有西方所谓的"建筑"观念，这个舶来的词语让我们极其困惑和尴尬，在传统文化中，"建筑"应该叫做城郭、宫殿或者四合院之类，现在建筑师经常引用的古代文献资料是《考工记》、《营造法式》和《园冶》等，从书名大体就可以看出这些书多从营造方面来着眼，而非"建筑"理论。在浩瀚的文史典籍中关于"建筑"的记述可谓凤毛麟角，但稀少并不意味着珍贵，我们的老祖宗似乎从未对盖房子困惑过，斗拱、开间、院落、皇城、轴线……对部件的全面分类和标准化，从简单的斗拱到院落，加之尺寸和等级的统一规制，使建造几乎成为一种惯性劳动。也许正因如此，伴随着改朝换代大批的房子被毁灭与重建。我们超强稳定的其实并不是"建筑"，而是文化与社会生产系统——身份等级与尊卑秩序决定了斗拱、开间、院落乃至色彩的选用。

我们的祖先在前朝"建筑"灰飞烟灭间谈笑，也许为房子哭天抢地的只有那位杜工部，因为他的"茅屋为秋风所破"。然而，让皇帝宰相为之惊慌失措的时刻还是到来了，坚船利炮掀起的巨浪让曾经的大厦风雨飘摇，这次重大变革让我们认识到自己不再是天下之中，尽管我们极不情愿。不久"建筑"也被输入，既有

租界的实物，又有书籍的理论，只是出乎意料的是这个在我们传统文化里不登大雅之堂的东西竟然在"西夷"却是门艺术，甚至被尊为艺术之母。严重的错位对我们造成了极大困惑和尴尬，而这种错位并不只存在于建筑上，对于金器、玉器、陶瓷、家具乃至书法绘画等艺术价值的认识，西方与中国也存在着错位（我们传统的青铜器首先是作为"礼器"而存在，而不是现在所谓的"艺术品"），只是在建筑上表现的更为极端。糟糕的是"秀才"被"兵"痛打了一顿后，"秀才"不但认为"兵"比自己体格强壮，继而还怀疑自己脑子是不是也有了问题。自负固然不好，但是过度的自卑更不好，可悲的是即使我们承认了这个"艺术之母"就能获得自信吗？不承认的话我们又该相信什么呢？

在近现代我们和西方的碰撞交流中，建筑的现代化也是极其被动的。如果不是清末面临着"两千年未有之大变局"，仅是之前的改朝换代，很多事情就不会那么纠结。建筑的西风东渐，归纳下来是通过以下三个渠道"登陆"的。其一是西方教会在华建造的教堂和教会学校，起初只是为了柔化中国人的排外情绪，教堂和教会学校建筑基本都采用"中国式"做法。第一任驻华专使刚桓毅认为，传教士既然可以穿长袍

王大鹏

王大鹏是中联筑境建筑设计有限公司杭州公司副总建筑师、高级建筑师、一级注册建筑师、杭州建设工程评标专家、东南大学工程硕士导师、中国建筑师协会会员、中国博物馆协会博物馆建筑空间与新技术委员会常务理事。

2001年毕业于武汉理工大学，曾在全国大学生建筑设计竞赛中获佳作奖。参与或主持设计了浙江美术馆、南京博物院二期工程、杭州师范大学仓前校区、湘潭城市规划馆及博物馆等多项省市重点项目，多次荣获省部级和国家级奖项。一直认为建筑师是在用自己的职业身份和素养参与生活创造，和各方面一起协作从而使得整个社会的生活品质得到提升和改善，而不是给别人创造什么新生活，建筑设计就是在此过程从自身的专业角度来创造性的解决遇到的问题。工作之余，勤于读书，善于思考，广泛涉猎人文艺术知识，著有50余万字的小说及随笔，先后在《建筑学报》、《建筑师》、《建筑创作》、《建筑与文化》、《设计新潮》、《书城》、《中华读书报》、《缤纷》等刊物发表文章若干篇。

马褂蓄发留辫，"那么，对一民族极具象征价值的宗教建筑方面，何不最好也来一套'中国装'"？值得一提的是这种"中国式"建筑做法也是有变化的，起初的屋顶为南方样式，代表作有圣约翰大学的怀施堂，后期则为北方的官式"大屋顶"，代表作是辅仁大学（对页图），之所以会有这种变化也是因为西方传教士和建筑师对中国传统建筑的认识是由南向北发展的，还有就是随着清朝灭亡，官式"大屋顶"建筑才有可能民俗化。其二是随着西方殖民者的到来，广州、上海、天津、青岛、武汉等地先后建起了大量的西洋式殖民地建筑（这些建筑包括领事馆、海关、银行、酒店等），因为这些建筑都建在各国租借，并且基本为外国人使用，所以绝大多数都采用了典型的西洋式风格。其三是民间建筑的西化，起初几大城市的里弄民居形式还有传统民居建筑的特点，及至大量外国人的到来和我国政要、工商及文化精英的聚集，上海、天津、武汉等城市的里弄建筑形式就开始西化了，最典型的莫过于上海的石库门住宅，当然还有一些政要及精英人士的西式花园洋房和别墅。

由于科技、经济、文化发展的不平衡，我们与西方的接触特别的被动，这点从上述西方建筑通过三个渠道的西化就可以看出来，逆来还得顺受，我们对于西方建筑毕竟也采取了"拿来主义"的态度。从清末"新政"、"预备立宪"时期（1901~1911）延续到民国初年，因为政府倡导学习西方，导致这一时期官方建筑基本西化，这些建筑典型代表有1906~1910年间建于北京的陆军部、军咨府、外交部、邮传部等。令人吊诡的是西方在华的教会学校建筑形式基本都采用了"中国式"的做法，而这一时期在北京、天津和上海分别建造的京师大学堂（右图）、北洋大学和南洋公学都采用了西方折衷主义的建筑形式。从闭关锁国到放弃自我变得这么干脆和急切，何谈"中庸之道"？这种崇洋媚外的心态至今不绝。其实除了这种心态，还有就是那个时期我们对"科学"的无限膜拜和几乎无条件拥抱，及至新文化运动发起"反传统、反孔教、反文言"，大力提倡"民主"与"科学"，一时文化和建筑大有全盘西化之势。

（二）早期的现代建筑实践

1918年结束的一战给欧洲带来了巨大的破坏，而作为战胜国的中国却依旧面临被人宰割的局面，这迫使中国近代的先行者重新反思他们衷心拥抱的西方文明和曾经弃之如履的传统文化，其后不断加剧的外来侵略也强化了中国社会的民族主义思想。中国建筑师深处其中，也不例外，建筑师沈糜鸣在《时事新报》上发表文章写道："一个民族不亡，全赖着一个民族固有艺术的不亡，所以我们要竭力把大中华的东方艺术来发扬，这，当今的建筑师，应该负荷着这个使命。"中国建筑师的民族主义不仅与他们所处的时代有关，在具体设计手法上还与他们的学习背景有关，他们在西方大学所受的建筑教育基本都是学院派的模式，特别注重建筑的形式、风格和历史样式。

民国政府定都南京后，在《首都计划》里对建筑形式有明确的要求——"中国固有式"，可是不可思

议的是总统府的大门却采用了不折不扣的西洋式，即使首都建设聘请了美国建筑师墨菲做顾问也似乎不能解释总统府的大门就可以用西洋式，要知道墨菲之前设计的燕京大学采用的可是中国传统的"大屋顶"，由此可见，即使在事关国体的总统府大门形式上（上图），当时政界大员也是不以为然或者有意为之。其实对于这些极具异国情调的建筑，无论政要、学者还是民众，似乎都没有什么反感或者抵触的情绪，相反还很欣赏。孙中山在广东等地的几处故居是西洋式的，梁启超、鲁迅（下方两图）等人的故居也是西洋式的，当时浙江南浔巨商的"豪宅"也不乏西洋式的，西湖北山路上也有不少民国时期的西洋式别墅，据说毛泽东对青岛的殖民建筑很喜欢，而且把传统大屋顶建筑讥讽为"道士的帽子乌龟的壳"。"中国固有式"的建筑形式也许更多是中国第一代建筑师和当时一批文化人士的理想，当然随后南京也建造了一大批具有"中国固有式"的建筑，其实这也不奇怪，因为民国时期各个领域基本都还能发出自己的声音——看看文化界的百家争鸣就能理解，当时各界的见解及坚持还是被充分尊重的。

前文提到清末在华的教堂和教会学校建筑因为传教政策而采用了"中国式"，其实来华的西方建筑师也是这股潮流的推动者，因为在当时这些西方建筑师所学的和西方建筑界正在盛行的都是复古的折衷主义，这种因袭旧形式的手法实质上是把建筑历史风格当做符号或者文化商品，从而来迎合业主的口味和要求，"中国式"不过是这些西方建筑师采用的历史风格之一，因为折衷主义对建筑的功能、技术及经济严重忽视，所以各种历史风格才能大行其道，"中国式"的大屋顶风格也不例外。巴黎美术学院是折衷主义传播的大本营，美国宾夕法尼亚大学的建筑学则和巴黎美术学院一脉相传，而我国第一代留学归来的建筑师诸如梁思成、杨廷宝、童寯、范文照、哈雄文、朱彬、赵深、陈植……都是宾大毕业的，他们一方面受到折衷主义的布扎学术训练，一方面受到来华西方建筑师对中国"大屋顶"运用的启示，加上在列强环视的大背景下强烈的民族主义驱使，在中国建筑的研究和实践中大力采用"大屋顶"也就不足为奇，这可谓时空错位导致的"合情合理"的误会。另外，近现代公共建筑中银行、办公、会堂、火车站、体育馆、电影院、医院、大型邮局、大型饭店、大型百货公司等类型，不仅建筑形式，就是建筑内容（功能）对我们来说也基本是全新的，这些建筑都体量巨大，即使戴上"大屋顶"也显得体胖腰粗，吕彦直用"大屋顶"形式设计的中山纪念堂就是典型的例子。梁思成首先对中国官式建筑进行了

系统全面的研究，除了文化正统和民族主义情结外，留学的教育背景以及在设计上如何对传统建筑进行转换与运用的实用主义也促使他选择了"大屋顶"。

除了起初教育背景对第一代建筑师的直接影响，随着现代主义建筑的风起云涌（1925年包豪斯校舍、1927年魏森霍夫集合住宅、1929年萨伏伊别墅、巴塞罗那国家馆、1936年流水别墅等现代主义经典建筑相继完成），梁思成、杨廷宝、童寯等人对现代建筑和"中国固有式"的认识也有所变化，前文提到在1935年梁思成和林徽因一起设计了颇有"包豪斯"味道北京大学地质馆和女生宿舍楼，童寯则在1936年中国建筑展览会上演讲说到："在中国，建造一座佛寺、茶室或纪念堂，按照古代做法加上一个瓦顶是十分合理的，但是要将这个瓦顶安在一座根据现代功能布置平面的房屋头上，我们就犯了一个时代性的错误"。如果说童寯、杨廷宝等受折衷主义的布扎学术训练的建筑师对"大屋顶"建筑的认识和设计还有个转变过程，那么差不多同时期留学的陆谦受和奚福泉基本就没有这个转变过程，他们执业以来设计的建筑基本都很"现代"，他们在1935年南京博物院的竞赛中提交的方案都没有采用"大屋顶"形式，尽管招标书明确要求建筑形式要有"中国式"。为什么会这样呢？因为他们分别在英国和德国留学，所受的教育不同于折衷主义的布扎体系。作为中国第二代建筑师的冯纪忠和林乐义，他们留学时是西方现代建筑盛行的时期，所学就完全是现代主义的建筑理论，他们的设计实践也基本没有纠缠于"大屋顶"，由此可见建筑师采用什么样的建筑形式和风格既受时代背景的制约，也受教育环境的影响。其实这个时期在华的西方建筑师设计手法也有所变化，在上海的匈牙利建筑师邬达克在1930年代前基本采用的是折衷主义手法，而进入1930年代后却转向了现代主义建筑样式，先后设计了极具时代性和现代感的大光明电影院（下图）、国际饭店和吴同文别墅。可以说这个时期我们的设计和西方现代建筑有接轨的趋势，可惜随着1937年的抗战和随后二战的爆发，加之内战影响，我们就这样与现代建筑擦肩而过，建国后持续的政治运动，"大屋顶"竟又复活了，可悲的是它却变成了多数建筑师的救命草与紧箍咒。

在改革开放前，建筑设计受政治运动和民族形式影响巨大，在这个时期有意思的是机关大院的单位建筑，说到"单位"给人的首先是不是一个建筑形象，因为它更像一个被院子围起来的小社会，甚至规模还不小的社会，机关大院的单位建筑才是不折不扣的"社会主义内容"。还有一个应运而生的建筑形式——干打垒（当年大庆油田为了在极短时期快速建造出低廉成本的宿舍，创造性的使用了夯土技术），不知道这能

不能算作"民族形式",而且也很具有"社会主义内容"。还值得注意的是我们几个在境外援建的建筑,诸如龚德顺在蒙古设计的乔巴山宾馆、乌兰巴托百货商店,戴念慈在斯里兰卡设计的会议厅等,由于没有政治的影响和民族形式的束缚,设计呈现的结果轻松而自然,回归到了建筑应有的状态。也许是因为岭南远离政治中心,"大屋顶"阴影莫及,在1968-1975年,莫伯治等人先后设计了广州宾馆和广州白云宾馆(上图),可谓在万马齐喑的大环境下,从广州为建筑界吹出了一阵新风。

(三)近三十年现代化道路的探索

1978年,贝聿铭先生受邀访华,北京政府希望他在故宫附近设计一幢"现代化建筑样板"的高层旅馆——作为中国改革开放和追求现代化的标志,如此匪夷所思的想法,在当时却反映出整个中国社会对西方文明所代表的现代化的急切向往。贝聿铭回绝了这个设计邀请,他说:"我体会到中国建筑已处于死胡同,无方向可寻,他们不能走回头路。庙宇殿堂式的建筑不仅经济上难以办到,思想意识也接受不了。他们走过苏联的道路,他们不喜欢这样的建筑。现在他们在试走西方的道路,我恐怕他们也会接受不了……中国建筑师正在进退两难,他们不知道走哪条路。"他希望做一个既不是照搬美国的现代摩天楼风格,也不是完全模仿中国古代建筑形式的新建筑,为中国建筑师的创作寻找一条新路,最后他选择了在北京郊外的香山设计一个低层的旅游宾馆。

而作为中国方面对香山饭店的解读则明显的发生了错位。对中国建筑师来说,很难感同身受的是贝聿铭当时所处的社会和文化环境:美国建筑界正处在现代主义和后现代主义热烈讨论之中,贝聿铭正是在这样的一个背景下接手香山饭店的设计(下图)。香山饭店完成于1982年,后现代建筑几个代表作也差不多在这个时间完成,1982年矶崎新设计完成筑波中心,1983年约翰逊设计完成纽约电报电话大厦,但是贝聿铭的态度没有影响到我们对现代化追求的热情与速度。美国贝克特国际公司设计的北京长城饭店于1983年开业(底图),此为中国第一幢大玻璃幕

墙建筑，饭店裙房的女儿墙上用"锯齿"隐喻着"长城"，显得不伦不类，其实这正是当时西方建筑典型的后现代主义手法，而不是被我们误读的"西方建筑师不了解中国文化所致"，当然不了解也是一个原因，文化背景差异和时空的错位才是问题的关键。令人吊诡的是后现代建筑对历史符号拼贴、戏仿的手法在此时竟与北京"夺回故都风貌"的口号遥相呼应，这情景宛如民国初年西方建筑师在中国采用折衷主义手法甚至"大屋顶"在做设计，而中国建筑师采用"中国固有式"设计一样，这难道是历史的轮回？

与此同时，其他西方建筑师在中国相继设计完成的一系列重大建筑（诸如国家大剧院、CCTV大楼、鸟巢、水立方等），随后世博工程相继亮相，这些建筑引发了广泛而激烈的争议，只是这些争议在新的社会条件下已不仅仅是纯粹建筑领域中的讨论，同时也成为了一个社会和文化事件，建筑师这个职业一下子从幕后走向了前台。（下图）

中国前几代建筑师基本都是书香门第出身，人文气息很浓，梁思成当仁不让的是其中的代表，他们思考

近三十年后，贝聿铭设计完成了苏州博物馆（上图）。三十年前贝先生拒绝把饭店选址在故宫附近，但这次他却当仁不让的把博物馆用地选在了敏感地带，只是这次他似乎更多的把这当作了自己"人生最大的挑战"，并把这个建筑视作自己的"小女儿"，而不再试图为中国建筑现代化的道路做什么尝试。也许我们土木结构的传统建筑基本都是一层，水平方向扩展的"开间"与"进深"与柯布西耶提出的在水平与垂直方向均能扩展的"多米诺"体系是极其不同的，"大屋顶"在应对多层与高层建筑时更显得无能为力，以至于被讥讽为"身穿西装头戴瓜皮帽"，假设体量又高又大的长城饭店由贝聿铭来设计，他会如何处理？

讨论建筑时更多是在文化层面，加之受西方早期正统建筑学"艺术性"的影响，某种程度上试图将中国传统中作为"器"存在的房子提升到"道"层面的建筑，如此一来对于建筑的材料性能、经济投资、建造程序、施工管理、环境关系等考虑明显滞后，这对后来的建筑师影响很大，现代建筑不应也不仅仅是作为"艺术"为主导存在的，它是由工业化大生产发展导致传统社会迈入现代化后应运而生的，现代建筑除了出发点与思想与传统建筑不同外，完全离不开材料研发、经济投资、建造程序、施工管理、环境关系等方面整体性支撑，当然现代建筑也自有其文化艺术属性。当下的建筑师更愿意把自己当做"艺术家"，尽管也有一部分建筑师很在

意建筑的细节与完成度，但那种在意也基本是立足于完成自己创作的"艺术品"，而非现代建筑或房子的本身属性，因为土地国有化的属性和甲方的存在状态导致设计与实践及真正使用者割裂了，建筑师不抓牢建筑的"艺术性"这根救命稻草又能如何？

据报道，我国2012年完成的建筑面积为20多亿平方米，约占全球建设量的60%！这个数据是惊人的，对基础资源的消耗更是惊人的。我国建筑学专业的学生入学素质和西方差别不大，因为国内大学综合排名靠前的学校（诸如清华大学、同济大学、天津大学、东南大学）里建筑学专业也是一级重点学科，建筑学录取分数也基本是全校平均最高分，尽管建筑学教学还有待大幅改进，但是也有不少学生在国际建筑竞赛中获奖。近年来，建筑学留学的人很多，因为国外基本没有什么建设，这些人大都回国执业，海归中还有一部分有着在国外著名设计机构的从业经验，更重要的是西方建筑师和设计机构直接来华参与设计的项目越来越多，还有借助于网络平台和经常出国参观，我们对全球设计前沿理论与动态的了解与掌握是同步性的，按理说我们的建筑设计和城市建设水平应该不比西方落后多少，可是为什么我们的城市建设和建筑就是乏善可陈？究其原因，首先是大多数建设缺少必要、周密的策划调研，甚至一些建筑设计工作推进大半还没就完成可行性研究，环评、交通等评估都是被动来适应"甲方"需求的，尤其是政府投资主导的建筑更为突出，以至于一些新城建设沦为了"鬼城"。住宅和商业建筑表面看似乎要好些，实际情形是由于开发商以逐利为最大诉求，缺少应有的社会责任和人文关怀，加之社会发展转型很快，不少新建筑时隔不久就变得与城市环境及大众生活格格不入。其次是建筑材料研发与应用、建造程序、施工管理、质量检测和施工人员的素质及水平远远落后于设计行业，众所周知，我们城市建设的主力军基本是"农民工"，而这些人大多数没有建造经验，甚至前一天还在种地，可这能怪在生存线上挣扎的他们吗？在建造过程中因为管理水平和各方利益的驱动，赶工期、管理的混乱和随意性让人咋舌。在国外，建筑师基本都是全程参与到整个建造过程中的，在建造过程中需要整合协调和数十项专项设计及相关工作，而在国内快速建造的过程中，建筑师基本沦为了绘图工具，画完施工图基本就算整个设计结束，完全没有时间和精力去做后面的事情，最后变得也没有这个能力和意识，施工方和业主也根本没有能力全面统筹建设过程中遇到的问题,在不少甲方眼里建筑设计基本等同于提供一个创意点子或者一个具体形象，甚至连起码的形式都算不上。我们当下建筑单体的规模动辄数万数十万平方米，由于缺少周密的可行性研究，加上仓促的建设，建筑质量可想而知，再就是这么大的规模导致建筑空间和设备很复杂，如何使用好一栋建筑，不夸张地说，不比学习驾车简单，建筑开始使用时建筑师如能参与其中，对不合理的地方进行优化并及时总结经验，这无论是对建筑品质提升还是提高设计者水平都是有极大的作用，可惜在这个环节建筑师基本是缺席的，可叹的是建筑师作品集中精美的建筑照片基本都是没有人的——因为这些照片都是在建筑完成的第一时间拍摄的，有多少建筑师有底气在自己的"作品"使用了几年后敢去拍照？

十多年前，绝大多数建筑师是在设计院里从业的，而设计院基本都是国有性质，体制对设计工作的束缚不言而喻，随着国企的改制，设计院也变成了企业性质，起初对建筑师潜力的激发作用还是很大的，可是设计院的改制缺少必要的措施，无非是商业化罢了。我们现有的设计管理体制对单个或者合伙人建筑师执业的门槛要求很高——申请设计资质的硬性要求很多，审批程序极其繁复，但是已有资质的设计院理

论上却可以无限"挂靠"或开分公司，其实也就是将资质出卖给有需求的建筑师从而收取"挂靠费"，这样以来导致了严重的恶性竞争，设计水平大打折扣。设计院的规模和贫富的差距基本也是和整个社会其他行业的变化一样，一些后起之秀的设计机构靠综合管理水平和资本运作，短时间高速扩张和膨胀，在此过程中他们兼并、收购了不少中小设计机构和"挂靠者"，这些设计机构对国有改制的传统大院冲击很大，很有竞争优势，可目前来看这些后起之秀分门别类的精细化设计模式更多的是整合了设计资源，提升了效率，对建筑设计水平的实质提升作用有限，甚至因为效率与利益驱动对设计过程更加割裂——不少建筑师沦为了只负责楼梯或卫生间的专项绘图员！CCTV大楼设计者库哈斯曾调侃说：中国建筑师在五十分之一的时间里完成了西方建筑师五十倍的工作量！十年来房价的翻倍增长大家有目共睹，笔者所在的城市包子从五毛钱一个涨到了两块（体积还明显缩小），可是我们的设计收费十年来非但没涨，且有明显下降，建筑设计行业除了"把女人当男人使用，把男人当畜生使用"外，设计方案的抄袭和粗制滥造不可避免。如果抛开上述实际因素的影响，建筑师和专家学者单从建筑设计本身大谈什么"中国建筑现代化"道路岂不是缘木求鱼？

（四）不接地气的建筑和设计

西方现代建筑从诞生起就和住宅结下了不解之缘，试想，如果没有柯布西耶的萨伏伊别墅、密斯的范斯沃思住宅、赖特的流水别墅，现代建筑史会黯淡许多，尤其是柯布西耶不仅将房子称作"居住的机器"，并且在《走向新建筑》中写道："今天社会的动乱，关键是房子问题，建筑或者革命！"伴随西方现代建筑革命般的进程，我们国内也进行着"土地革命"，几次革命的结果是土地完全国有化，这个结果长期深远的影响着我们建筑的形式、功能乃至城市形态。

一般说来，建筑师只有通过甲方才接触到土地，而我们面临的又是什么样的甲方呢？当下能成为甲方的基本只有两大类人，一类为开发商，另一类为政府官员，其实他们都不是房子的最后使用者，仅是参与或主导着设计与建造过程，至于他们的建房动机且不去评说，单是将设计建造过程与实际的使用者基本完全隔开就可想而知会造成多少后患。我们不仅是全球最大的建筑工地，更是最大的改造工地，看看住户买房后第一时间把能砸的墙都砸了就知道了。公建的使用也好不到哪去，因为大家目前的生活与学校、医院、车站、剧院、图书馆、博物馆等无论关系密切与否，都比较被动，基本还谈不到对这些建筑格调的品味。在当下的城市建设速度下，许多建筑缺少前期应有的策划和准确定位，甚至许多项目建造完了业主还提供不了一份完整的任务书，那些匆匆完成的大而无当的布景式建筑和政绩工程好不好用又有谁在乎呢？春节后新闻报道说，去年我国新增十多个"鬼城"，我们城市化对人可谓关怀备至，最后连鬼也不放过，以至在一个建筑高端论坛上，竟然有院士在讨论如何防止"鬼城"产生，看来他老人家胸怀不够宽广，爱心不够啊！（上图）

我曾极端的和朋友说我们的设计基本上没有真正的甲方，朋友大惊，反问这怎么可能。我解释说，一个或大或小的居住区就被几个所谓的前期策划部、销售部、设计部的人给决定了，而另一类甲方（或大或小的政府官员）热衷于建造那么多他们自己基本也不去的图书馆、博物馆、大剧院，这两类人算得上真正的甲方吗？但是除了这两类"甲方"我们还存在别的客户吗？在利益与权力最大化的博弈中，建筑师成了美化理想生活的工具（当然也有不少立志于"创造"他人生活的建筑师），无论是否虔诚还是装傻，他们美化的理想生活都成了空中楼阁。身为建筑师，从业十余载，回头细想还真的没有遇到过特别"具体"的甲

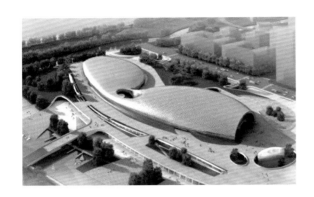

方，尽管我们一直坚持着"以人为本"的设计理念在工作，可是这"人"到底指的是谁呢？大家都在忙着"为人民服务"，也许这"人"就是"人民"的简称吧。

认识一个建筑书籍的编辑，她说最近计划做一本关于现代"民居"的建筑，问我建议。我问她当下什么算作"民居"呢？她说传统的不算（也幸存无几），开发商建造的房子也不算，这样似乎就只能是农民造的房子。其实在20世纪90年代初，先富起来的农民很热衷建造房子，甚至攀比成风，可随着进城务工和城市化进程，许多农村基本只剩下老人和儿童，农村墙倒屋漏，一派凋敝景象。她的书还是编好了，选的五六个实例设计感都很强，材料和施工也算精良，建筑师的作用得到了极大体现，甚至两个房子本身就是建筑师在农村的自宅，可这能代表"民居"吗？民居乃至城市建设，自下而上的作用很大，在上下的互动中相互协调，最终实现动态的和谐，而我们的土地属性、供地方式和建设管理都是自上而下的，在城市里盖房子让我想起了几十年前农民的种地——土地属于集体，地里种什么和种多少都是村长说了算，农民只要勤劳，至于收成好坏和他们关系不大，当下的建筑师不正是在协助甲方在城市里种房子的"农民"吗？城市里基本靠"农民"设计和建造的房子，却被开发商以贵族帝王式、楼台亭阁式、山水风光式、欧美名胜式、福禄寿祥式、时尚潮流式……来命名，中国传统文化的精髓可谓得到了充分挖掘和展现，我们的生活竟有如此的丰富。而这些无所事事的"农民"却热衷给建筑起外号，于是什么"水煮蛋"、"大裤衩"、"比基尼"、"秋裤"、"马桶圈"等应有尽有，这样以来也是算雅俗共赏了。（上图）

当下城市建设最为大众和学者诟病的是"千城一面"，造成这个局面原因很多，诸如前文提到的土地属性、建设管理等原因外，信息的快速复制和传播导致了大量的山寨建筑，加之交通工具的升级换代和人们频繁的"迁徙"等进一步加剧了"千城一面"的感觉。我认为，"千城一面"不是最根本问题，其实人在一个地方住久了还是能感觉到其间的差别，最根本的是这"千城"很少有在空间形态、交通环境等方面令人满意的，现实情形更是"一城千貌"，几乎每个建筑都想成为地标，而快速建造导致质量普遍低下，结果是新城不新，旧城很破，空气很霾，几经折腾，城市里连几十年的大树都难以看到，何谈共同记忆与文化传承？！"千城一面"的批评一般都是作为铺垫，下文往往就是中国当代建筑与城市何去何从的论述与建议，为什么大家都热衷于宏大叙事？也许是土地国有制的属性使得大家潜意识里认为整个国家就是一大块地，似乎不用"中国建筑"来谈论当下的建筑设计及城市建设就无法体现出自己视野的宽度和理论的深度，难道用"中国建筑"就能"毕其功于一役"？并能改变"千城一面"局面？不知道在汽车、手机、相机、家电等工业行业，是不是也有着建筑师如何在设计中体现传统文化的纠结与困惑？

现代建筑发展到国际式必然导致"千城一面"，乃至"全球一面"，为了摆脱这种僵化，后现代建筑应运而生，可惜也是昙花一现，建筑的地域性和可持续性成了当下国际建筑的主流方向，只是在我们当下的城市化进程中形势更为严峻复杂。地域性首先意味着一个地方的经济文化和生活其中的人要具有一定的稳定性，惟其如此才能体现出地方特点，而我们当下的社会发展速度极快，大量的旧建筑被拆除，加之人口流动性极大（且不说城乡之间的人口流动，就是城市之间的人口流动也是惊人的），全国建造房子基本都在用相同的建筑材料和做法，施工的人来自全国各地，使用者也是来自全国各地，在这样的背景下建筑的地域性又当如何体现？至于建筑的可持续性就更是不容乐观，且不说我们的房子平均寿命只有三四十年，几乎每

个大城市都空置着大量的住宅和写字楼,我们只是为了设计而设计,为了建造而建造,设计和建造更多的成了资本运作的需要,而不是为了美好的生活。

按理说,当下全球最大建设量的国度建筑师应大有作为,看看西方社会在一战、二战后大量建设年代的建筑师作用和影响就知道了,可惜的是我们的建筑师基本属于"沉默的大多数",不甘寂寞者也基本是在自画自说。平台大、能力强的建筑师做着"高大上"的设计,这些项目基本是政府投资的大型公共建筑,诸如博物馆、体育馆、大剧院之类的,基本都是地标性的建筑。平台小"有追求"的建筑师做着"小清新"的设计,这类项目规模基本不大,类型大体以"艺术村"和"休闲会所"为主(上图),业主对时间和成本要求很少,建筑师实现自我的空间很大,完成后也的确有着丰富的空间,精致的细部。只是无论是"高大上"还是"小清新"的项目比重都是很少,而且受土地属性制约,其实也一样的不接地气。从事这两类设计的建筑师基本都是明星建筑师,绝大多数建筑师从事着大量的重复性的制图工作,大量的快速建造并没有使得他们获得更多的"实践经验",繁重的工作和紧张的节奏使得多数人在出图后根本没有时间和精力去施工现场,即使去现场也是蜻蜓点水一般。可是他们内心里却很想成为前两类那样的明星建筑师——那才是他们的榜样,甚至是评判他们设计好坏的"业主"。在不接地气的大环境下想把普通建筑设计好真的很难,这样的处境不仅仅是建筑师所面临的,在文学、影视及书画等创作领域不也是面临着同样困境吗?

在这个消费主义至上的时代,按理建筑师应对工程造价很敏感,可实际情形却是绝大多数建筑师对此十分无知和麻木,看看那些夸张怪诞的造型、动辄进口石头敷面的材料,在建筑师潜意识里都认为自己

的设计会用上世界上最好的材料和建造技术,他们根本不清楚4千元每平方米和5千元每平方米造价到底会对设计品质影响有多大,因为开发商对施工组织、材料价格和工程进度等方面的了解和如何节省控制成本远远超过大多数建筑师,而政府投资的建筑基本都是先有个总投资才开始做设计,而这个总投资往往是可调整的,甚至调整幅度很大。建筑师设计完成出图后甲方都很有自己的主见,经常会随意改变材料及色彩等,何况他们认为自己已是在出钱实现建筑师的想法,长此以往建筑师在这方面的能力就缺失了,所以我们常会看到不少用大牛刀杀小鸡的方案,也许只有当建筑师自己买房和装修后才多少能体会到造价与品质的利害关系。当下建筑师特别在意自己的创意,真可谓"语不惊人死不休",至于如何将这些"创意"落实,不少人既没这方面的能力和经验,甚至连这方面的意识都没有。

相反,国内接地气的设计及实践相对来说都很成功,典型代表有成都的刘家琨事务所、上海的大舍工作室和深圳的都市实践事务所,他们十多年来先后完成的作品随着时间的推移依旧具有魅力。有人认为刘家琨的创作进入了瓶颈期,因为他十多年前就完成了罗中立、何多苓工作室和鹿野苑石刻博物馆(右上图),再后来又设计完成了建川博物馆群的一组博物馆,而近些年来似乎再没创作出有份量的作品,我以为这恰好说明了建筑创作针对性和接地气的重要,想想看,在目前的社会大背景下,刘家琨要再遇上那些"伯乐"般的业主多么的难,诚如鲁迅先生所言:"天才大半是天赋的;独有这培养天才的泥土,似乎大家都可以做。做土的功效,比要求天才还切近;否则,纵有成千成百的天才,也因为没有泥土,不能发达,要像一碟子绿豆芽。"

(五)为什么研究中国建筑
从晚清到民国,在国家存亡之际,民族如何能够

自强复兴，可以说是中国几代知识分子的压倒性追求，他们在文化上有着不同的策略——极端激进的反传统和"整理国故、再造文明"的复兴传统诉求。在此大背景下，梁思成却要为中国建筑从无到有创立一部属于自己的历史，尽管他的民族主义立场、研究范围和采用方法现在来看都值得商榷，但是他的紧迫感和焦虑是真切的，以至于后来在拆除北京城墙时，梁思成有被"抽筋扒皮"的感觉。如果说在国家和民族存亡之际，还要为中国建筑争取文化身份的认同和延续传统显得有点虚诞，那么在1951年他发表的《我为谁服务了二十余年》，现在来看则很荒诞，他不惜自污其身甚至否定了父亲的教诲，如此对新政权"卑躬屈膝"是大势所趋，还是心存侥幸要为中国建筑的发展谋得一席之地？

梁思成在1944年写了《为什么研究中国建筑》的文章，他的提问至今还没有得到很好的回答。梁思成为保护传统建筑和延续文化而呐喊，可是北京城墙被拆，甚至几年前他的故居也被拆了，这些年来，我们拆除的东西实在是太多太多了。一个有着几千年历史与文化延续的民族，在当下的绝大多数城市却很少再能找到具有四五十年历史的房子了，我们现在不仅面临着"为什么研究中国建筑"的问题，还面临着拿什么来研究中国建筑的问题，在这样的城市现状中我们经常指责来华做设计的西方建筑师不懂中国建筑文化，可谓自欺欺人。梁思成在文中写道："世界各国在最新法结构原则下造成所谓'国际式'建筑；但每个国家民族仍有不同的表现。英、美、苏、法、荷、比、北欧或日本都曾造成他们本国特殊作风，适宜于他们个别的环境及意趣。以我国艺术背景的丰富，当然有更多可以发展的方面。"他提到的这些国家都早已是发达国家，也是我们为之努力的目标，在当下所谓国际文化多元大融合的时代，中国建筑的"一元"何在？如果中国建筑师有更多的机会去国外执业，那又该如何把握他国文化精神并且还能不失自我？不夸张的说目前我国东西部的经济、文化、气候和生活习惯的差异甚至不亚于美、英、法、德、意等国家之间的差异，我们城市建筑在国内又当如何体现出不同地区的特色？韩国将"端午节"申遗了，现在又要将"火炕"申遗，这虽然接近闹剧，可如果他们下一步要将建筑的"大屋顶"申遗，中国建筑师及民众又会作何感想？

在"大屋顶"难以为继和民居"凋零"的处境下，我们的建筑师似乎抓住了西方现代建筑的核心——空间。不少建筑师和学者特别热衷于园林研究，诗情画意、流动空间、天人合一等使得园林简直成了中国建筑的另一根救命稻草，几次去苏州园林，里面到处都是人，导游的解说此起彼伏，在这样的环境中所谓的诗情画意荡然无存。我们对园林的钟情某种程度上也是来自西方建筑的"投射"，如同当年第一代建筑师研究"大屋顶"一样，因为我们觉得传统园林"超越"了西方建筑——西方现代建筑的精髓不就是流动空间吗？何况我们园林除了流动空间还有人文情怀，甚至达到了天人合一的境界。个人认为，西方现代建筑的流动空间基本前提是先有一个较为匀质的大空间，在此界定内流动空间才有意义，而我们传统园林的空间虽然有围墙作为限定，但是却没有"屋顶"的界定，各个空间虽然连绵不断，但是跳跃性较大，如同诗词中"小桥流水人家"呈现的片段意象。如果将传统园林作为一种文化来研究无可厚非，而且很有必要，浸淫其间也一定会对建筑师的修养和设计有所影响与改变，但是如果试图以此研究来为中国建筑寻找"出路"，那简直又是缘木求鱼。姑且不说我们的土地资源是否能承受园林式建筑，即使传统园林处在高楼林立的环境和车水马龙的噪声中，园林就不称其为园林，如果说梁思成研究中国建筑存在着"立面的误会"，那么当下不少建筑师研究传统园林是不是也存在着"空间的误会"？

20世纪初，西方流行的折衷主义建筑可谓是现代建筑诞生前的阵痛，第一代建筑师无论学习还是实践更多的是把阵痛当作了新生，改革开放之初，我们又把后现代建筑的阵痛当作了一次新生，以至于"大屋顶"再次抬头，现在来看因为时空错位我们对西方建筑产生了极大的误会，但那时彼此还有共同之处——都还在搞建设，而当下西方发达国家已很少建造房子，我们却成了全球的最大工地，也成了西方建筑师的最大甲方，如果我们都没有弄清楚自己想要什么样的城市和生活状态，无论靠西方还是本土的建筑师都解决不了这个根本问题，因为建筑师无非是在用自己的专业能力参与改变生活，而不是也不可能为他人创造生活。也许是城市迷失了自我，城市就成了"奇观建筑"的实验场，也许是个人迷失了自我，我们就成了全球奢侈品的最大消费国，只是不知道这些"奇观建筑"和奢侈品给我们带来的是文化和身份的认同还是更大的迷失？

不知道我们真的是迷失了自我还是价值观崩溃，我们似乎只有从外来的和至上而下的认可中才能确定自己存在的价值，张艺谋、陈凯歌、姜文等先后在戛纳、柏林及威尼斯获奖，莫言获得诺贝尔文学奖，王澍获得建筑界的普利茨克奖，大众觉得似乎只有这些顶级奖项才能奠定他们的大师地位，也从而使得自己感觉很有面子和自豪感，不知道我们自豪的是大师们所代表的文化本身还是大师终于得到西方认可的这件事？不夸张地说，我们在不知不觉中臆想了一个"西方"，这个"西方"不仅有有形的城市建筑和文学影视作品，还有无形的价值观，只是这个"西方"会让真正的西方人都觉得陌生和滑稽，如同我们大学英语四、六级的考试一样。伊东忠太当年欲借日本建筑之根来反驳西方建筑师的偏见，我们是不是可以从日本建筑现代化和几代的建筑师传承中得到更多的启示？与其臆想一个"西方"，还不如弄明白自己。可惜"五四"以来，我

们对自己的传统文化有着截然不同的评价，当我们面临着非此即彼的纠结和煎熬时，是否可以看看"别人"对我们的看法和研究，李约瑟、费正清、高居翰、史景迁、雷德侯等西方汉学家不必说，侨居海外的夏志清、余英时、许倬云、唐德刚、黄仁宇、巫鸿等人研究成绩也为东西方学者瞩目，这些不同身份的学者和不同角度的研究，不仅仅是为了一个民族和国家做出什么贡献，而是这些研究成果必将对世界文化的丰富性与差异性会有一份特殊的贡献，中国建筑既是我们传统文化重要的组成部分，也是我们当下生活不可或缺的组成部分，当然也应该有所作为。

如果说当年梁思成那代建筑师及学者是为了"赶上"西方，当下随着国家崛起应该就是为了"超越"西方，可是一个国家如果没有自我的认同和方向又何谈超越别人呢？我们除了输出中国制造外还能输出什么样的特色文化与价值观呢？西方可以是我们发展的参照，但不应该是也不可能是我们的最终目的。具有讽刺意味的是我们在北京故宫不远处选择建造了巨蛋型的国家大剧院，与此同时，在上海陆家嘴却由境外建筑师设计完成了极具中国传统意味的金茂大厦，一个世纪多以来，"大屋顶"没有能承载起中国现代建筑的期冀，而世博会的国家馆竟然被设计成一尊硕大无比的斗拱！难道屋顶下面的"斗拱"会有如此的潜力？看来"大屋顶"误人不浅，掩盖了多少有价值的东西。(本页图)

阿兰·德波顿在《幸福的建筑》一书的中文版序言结尾写道："你只有在弄清楚了中国想要成为什么样的国家以及她应该秉持什么样的价值观之后，才有可能来讨论中国的建筑应该是什么样子。"我很赞同他的观点，于是将这句话作为本文的结尾和思考建筑的起点。

（文中图片均由作者本人提供）

中国建筑的十字路口
——浅谈中国当代建筑

文：（葡）蒂亚戈·德·瓦莱

1. 引言

关于中国的建筑设计及其历史、环境和现今的发展，有太多的内容可谈，以至于我们会觉得不论我们谈多少，最终都会是片面的、不完整的。

整个世界都关注着中国这个经济大国的崛起，而中国建筑师面临的真正挑战却是如何建立中国的新形象，来向世界——尤其是向西方——展示自我。

现在，这个国家正处于一个十字路口：一边是美国和西方的意识形态和力量，另一边是中国传统文化，两方角力，形成一个当代中国新的国家认同。

不幸的是，西方对这些问题的传统思考无法给这个爆炸式的新现实提供满意的答案。对这个问题的探讨可能总会有所欠缺，因为这个问题是需要进行理论研究的，需要推测、批评和理性的探讨。中国期待着继往开来的发展，她迫不及待地将建筑设计和城市规划的通用理论拿来为我所用，来满足她史无前例的飞速发展和新型的社会模式的需求。

2. 历史

西方强国带来的现代化，对中国现代史产生了不可忽视的深远影响。

中国是四大文明古国之一，5000多年的历史让这个古老的国家积累了深厚的文化底蕴。然而，15世纪初明朝施行的闭关锁国政策却让这个国家饱受了几个世纪的孤立和隔离。现代化的影响主要来自西方。西方列强首先通过鸦片战争以武力打开中国大门，1842年签订了《南京条约》。自此，中国开始了一段暴风骤雨、动荡不安的抗争史，直到当代，才进入了蓬勃发展的现代工业化和城市化进程，同时也露出某种对未来自我认同的茫然无措。

20世纪20年代和30年代，西方风格的建筑在中国大行其道，这种背景下，寻求"中国风格"的建筑运动出现了。这次运动中所提倡的建筑手法还很表面化，要么是用钢筋混凝土修筑出古典建筑的造型，要么是在西方风格建筑的外壳上加上中国传统元素来装饰。

从20世纪30年代末期（抗日战争时期前后）到1949年新中国建立，这期间的建筑工程很少，除了所谓的"发展亚洲风格"的建筑——日本在中国东北建立的傀儡政权所推行的一种兼收并蓄的西方风格建筑。

直到20世纪80年代，随着改革开放和现代化建设的开展，中国才在建筑和城市规划的理念上经历了重大变化。

国外的新式建筑风格迅速吸引了中国的目光，开始大量引入中国，同时也结合了中国所有老式建筑的元素，探索出崭新的风格，同时，在海外寻求适合中国现代化改革借鉴的模式。

这十年是中国新一代建筑师成长的重要阶段。就是这批建筑师，后来受到了国内和国际上的广泛关注。

2008年北京奥运会和2010年上海世博会，催生了中国全面兴建现代化、创新型建筑的浪潮。中国决心用世界一流、与众不同的建筑向全世界展现她的新面貌。上海的金茂大厦和东方明珠广播电视塔，北京的国家大剧院和国家体育场（即"鸟巢"），这都是中国标志性的现代建筑。其中有些建筑也引起了相当大的争议，但是其地位却已经不可撼动——这些都已成为世界人民所熟悉的中国经典建筑。

如今，中国的每个城市都在沸腾。

蒂亚戈·德·瓦莱
（Tiago do Vale）

蒂亚戈·德·瓦莱，葡萄牙建筑师，在多所高校和政府部门中任职，参与葡萄牙教育政策的制定和修改。瓦莱曾加盟多家知名建筑公司，如佩雷拉建筑事务所（Pereira & Associados）和MW建筑规划事务所（MW Planeamento e Arquitectura），后于2008年开设了自己的工作室——蒂亚戈·德·瓦莱建筑事务所（Tiago do Vale Arquitectos），在全球范围内设计了一系列杰出项目，大到城市规划，小到家具设计，风格上既兼收并蓄，又体现出自己的独特性。

瓦莱和他的团队一起，将设计重心放在教育设施、医疗建筑、旅游项目等领域。当然，设计中尤其注重可持续发展和能源效率等理念。目前，瓦莱正在修习关于城市土地修复和建筑的保护、复原与重建等方面的课程。

在历史保护建筑物和城市空间的修复方面的几个项目中，瓦莱表现出他设计的深思熟虑和缜密细致，由此被推至媒体的聚光灯下。

3. 面临的问题

3.1 自我认同

即便如此，传统和现代之间的这种张力（也是西方模式和中国特色之间的张力）还是没有找到合适的出路。

最近，在为《城市综合体空间》（Urban Complex）一书（关于多功能城市开发脉络的一本很有趣的书）撰写的序言中，我提出了一种观点：城市空间要想发挥它的作用，它背后必须有自己清楚的自我认同，不论是社区范围内还是城市、地区乃至全国，都是这样。

在今天的中国，个人财富、自我认同、独特性等这些西方的观念正在与中国传统价值观——集体主义、和谐与平衡——发生碰撞。

二者之间的这种较量导致人们对现代中国新的自我认同的渴望。这种新的自我认同，既借鉴西方的理念，又能更好地结合中国传统价值观，让中国人能够表现个性，同时也强调集体——不仅是个体——迈向更好的物质生活。

"自我认同"这个概念本身的意义并不固定，而中国人民在生活的方方面面正在经历着飞速的变化和现代化。

在中国的一批新城市中出现了这些矛盾的渴望。很多城市开始摒弃千篇一律的乏味的住宅楼——这是他们过去模仿西方社区模式的产物。意大利、英国或者澳大利亚的财富理念或者精致典雅或者稀奇古怪等，中国人可能会拿这些来建立自我认同。但是，他们不是每个人单独建立认同，而是一群人，一个团体，建立同一个认同。个人的选择，集体的形式。

3.2 建筑遗产

很多西方人觉得奇怪：中国为什么选择复制西方模式，而不是从其丰富的建筑遗产中发掘自己新的自我认同呢？很多人不理解的是：这不是中国走的捷径，而是中国和西方之间巨大的文化差异的证明。

欧洲虽然经历了诸多战争和严重的破坏，但仍然保留了远古、中世纪和文艺复兴时期的建筑遗迹。而中国，除了为数不多的几处最知名的古迹之外，几乎没有过去的遗迹。

这并不是文化大革命带来的破坏，事实上在这场革命开始之前已经没有什么可破坏的了。中国人对"文明"的理解不体现在物质上，而是体现在文字上。西方用实体的古迹来证明她的文明，而中国却没有那些东西，他们对"不朽的文明"有着另一种态度。

英文里的"文明"一词（Civilization），可以追溯到拉丁语的词根，有"市民"和"城市"的含义。而中文里所说的"文明"（中国人有时说"文化"），字面上的意思是"文字带来的变化"。换句话说，对我们来说"文明"的核心是城市化，而对中国人来说，核心则在于文字的艺术。

关键在于，中国的文明历史并不是体现在建筑上。即使是最宏伟的宫殿和大规模的城市综合体，凸显的也是宏大的布局和空间的利用，而不是建筑物；建筑对他们来说是后加上去的、相对来说不那么永恒的表面构造。

当历史古迹倒塌或烧毁，中国文明似乎并未将其视为历史受到侵害；只要能修复或者重建就行，只要功能能恢复就行。

苏州的宝塔就是典型的范例。苏州宝塔的历史可以追溯到3世纪，但是我们现在看到的却是20世纪的建筑，因为历朝历代不断进行重建。我们可以说，苏州宝塔真正的过去在人们的精神上——不朽的是历史悠久的人文经验。

3.3 传统与现代的鸿沟

这种中国特色文化（超越了建筑的历史遗迹），再加上中国近代的历史，过去与现在之间就出现了巨大的鸿沟，带来了今天中国建筑和城市规划所面临的复杂的认同危机。这也导致了中国现代史上（可能是）最大的问题：几代人都没有能够将现代建筑与中国传统相结合。

中国的现代化建筑有一个世纪的历史了，但是，这段历史经验却是碎片化的、不连贯的。自从20世纪80年代中国改革开放以来，每代人的建设都是一切从零开始，既不继承历史的遗产，也不借鉴前代人的经验。这样一来，中国就被剥夺了她的历史遗产，反倒需要向西方来借鉴遗产。

4. 解决办法

4.1 批判地域主义

这里面提到建筑批评家肯尼斯·弗兰普顿（Kenneth Frampton）所阐释的"批判地域主义"（Critical Regionalism）似乎有点奇怪，但是这个概念中的相关问题却可能为我们解决这个难题提供一些线索。如果在一种文化中建筑的过去是精神上的而不是实体上的，那么该怎么运用"批判地域主义"呢？

"批判地域主义"是针对"本土"与"世界"、"传统"与"现代"的一种思考。它要求建筑师对本土、乃至对世界都要有创造性、想象力和敏感性。

欧洲的启蒙运动（从19世纪晚期直到"先锋派"艺术出现，期间随着新兴中产阶级的兴起，在意识形态斗争中不断出现新思潮），给欧洲建筑留下了独特的印记。不论何种思潮盛行，"启蒙的"或者"先锋的"建筑师必须面对一个真实的过去，一个以物质实体的形式存在的真实传统。

这种思路在20世纪中叶开始衰竭，由于经济上的原因，但也是由于建筑理念的改变。新的建筑理念更侧重探索建筑图示的、虚拟的、透视的特征，而忽视其真实的、实体的、触感的方面。这令建筑批评难以进行。

而在中国，精神的（而非实体的）、非批判的文化则是他们的历史背景。"批判地域主义"中必然包含的这种自觉的批判立场，让建筑师既远离了启蒙运动的进步神话，又抛开前工业化的历史，而这种批判在中国却显得格格不入。

尽管中国人很早就提出了许多学说，强调"亚洲本质"和西方的功能主义，并且致力于（至少偶尔）在建筑上将中国和西方的元素进行融合，但是却从来没有将"地域主义"作为一种批判的建筑运动提出来过。今天，这一空白就显得更加让人不能容忍了，因为我们不可能将这些难题归咎于"这个国家不够繁荣"或者"缺乏建立国家认同的渴望"。

我的意见是：中国要发展建筑批评所面临的最大难题在于缺乏中国真正的自我批评的启蒙传统。

4.2 教育

要在当前混乱的局面下建立国家认同，建筑领域的教育应该在中国设计的未来发展方向上起到关键的作用。

中国建筑教育面临的困难是巨大的，需要深入的研究来探讨在现代语境下如何打造"有中国特色的设计"。

当前中国建筑院校的课程主要是针对建筑设计和建筑的普遍文化模式，是"追赶潮流式"的教学，现行什么就教什么。但是，对任何建筑师来说，历史学习对批判精神的培养是极其重要的。然而，建筑院校中却持续存在这样的怪事：你可以是一位伟大的建筑师，却不懂建筑史或建筑遗产。教授建筑史是培养建筑批评的基础，包括社会史、形态史、政治史、文化史，甚至批评史。

我们要让学生知道，尊重文化遗产、学习如何将文化符号融入他们的设计中是多么重要。正是在这个探索的过程中，当代中国的国家认同才最有可能出现。我们一定要在西方文化和中国文化中取两方精华，实现某种平衡。

5. 结论

我最大的感想是：建筑是这个国家实现现代化的空间维度的基础，而各种矛盾的复杂交织——新与旧、中国与西方——必然是中国当代建筑的基本特征。

显然，"历史"并不只是经典。在这里，建筑要借鉴五四运动的价值观，借鉴西方化的上海建筑，或者借鉴20世纪20年代"中国古典复兴"风格（Adaptive Chinese Renaissance），甚至借鉴90年前出现的上海电影文化——电影学者今天称之为"本土现代主义"（Vernacular Modernism）。

过去几年里，我们看到在20世纪80年代和90年代接受教育的年轻一代建筑师设计了一大批惊艳的建筑。中国内地建筑师设计的建筑，规模和体量在不断扩大，这为中国设计创新的潜力指明了更多方向，更是在让中国的视觉语言更加丰富多样。其中有些设计恰当地采用了中国元素。这种包含中国文化的新的视觉语言，也许是中国设计在国际上确立其地位的唯一方式。

然而，这种历史手法对更为年轻的一代人来说可能并不会那么想当然地接受。这代人更加向往现代的、全球化的世界，他们可能会产生一种"文化抗拒"。如果大多数年轻的中国建筑师要模仿西方同行的作品，那么中国建筑的未来又在何处呢？

新一代的中国建筑师能否对西方、也对他们自己采取一种更加批判的视角呢？年轻的中国建筑师能否超越沾沾自喜地在建筑外壳上添加一些代表"精神上的历史"的意象使之看起来"更中国"这种表面功夫呢？

中国必须对她的记忆进行重组，把各代人的奋斗整合成一个整体的文化传统和建筑传统，以根深蒂固却又不断进步的中国建筑作品为基础，进行有意义的思考和创新。

有着丰富而且悠久的文明历史作为取之不尽的资源，中国建筑师要在他们的设计作品中用独一无二的特质来建立当代中国的国家认同，这应该不存在任何问题！

创造与底蕴

——中国当代建筑新形象的树立

文：（瑞士）达维德·马库洛

打造高品质空间和当代中国建筑新形象是当今中国面临的巨大挑战。当今建筑师的主要任务是利用他们的敏锐和经验（心理背景）对现存的既定条件（现实背景）进行重新诠释和设计。建筑师应该发掘并释放他们休眠的潜能，而不是不分具体情况地给出一个标准解决方案——适用于其他文化和背景的方案。建筑师应该在当代中国建筑新形象的树立中充分发挥他们的创造性。在引进西方国家的国际建筑风格十多年之后，中国的城市面貌已经发生了巨大变化。现在的中国正处于这样一个位置：通过良好的文化和经验交流，中国当代建筑的新形象正在建立，展现中国当代文化的同时，也体现出古老中国的文化底蕴和悠久历史。中国建筑的本质正在演进，从前是恣意的自由表达，现在是一种更精致的、经过深思熟虑的自由表达。

长远的成功发展，秘密在于健康的、目标明确的建设过程。比如说，瑞士的发展经验中就有值得肯定的地方，它证明了可持续性建造、注重节约能源能够大大降低建筑运营成本。这种节能对中国未来的发展是必不可少的。然而，这种节能并不能仅靠采用可持续性的建造技术和材料来实现，而是要靠我们理念上的可持续性。我们的空间不仅代表了当地形象（现实背景），而且从长远的角度考虑，只有满足了人们的心理需求和物质需求，以及人们"通过建筑环境表现自身"的需要和抱负（精神背景），这样的空间才算真正成功。当代中国的精神面貌，包括当代中国人的面貌，会通过他们的建筑表现出来。即使是在一座拥挤的亚洲城市里，我们也能够建造大规模的建筑，同时巧妙地兼顾人性化的体量、体现季节与时间变化的景观绿化、良好的视野、扩大空间的视觉感知效果、室内外的衔接等。

中国令人瞩目的城市发展正在一个非凡的历史阶段中发生，因为，一方面，我们有先进的建造技术，既能确保高品质的建筑质量，我们又能支付得起；另一方面，我们从过去的教条中解放了出来。因此，形式的表达完全任由建筑师的创造性和才华恣意发挥。中国不再需要引进外国的设计方法，而是在探索自己的风格。本土建筑师与国外建筑师的合作还在继续，建立在互利和交流的基础上，共同研究人与土地的需求和潜力。现实背景和心理背景彼此互相影响。在中国进行设计和建造需要理解这两个背景，与我们自己的背景进行比较，以便为当地、为我们建造的土地创造出附加价值。

如果中国的开发商还继续复制瑞士村落的模式或仿照威尼斯建筑来东拼西凑，以此吸引买主，那只能是因为当代建筑还不足以满足人们对质量和品位的需求。任何事情都是一样，除非能保证势头不减，否则最初的兴奋总要消逝。我们仍然欢迎宏伟的建筑，但是需要有充分的理由，要说得通，经得起推敲，有明确的目标。建筑也需要演进；建筑使人感官享受，它是我们每天都接触的，而不是只在一个固定时间段。建筑应该历久弥新。宏伟的建筑变成了与我们日常生活相分离的、遥远的记忆片段。在全球化的"建筑实验室"中，我们仍处在极简主义思潮的影响下，我们的设计已经剥去本质，变成赤裸裸的仅供出售的商品——可是人们不再想要这样的商品。

城市已经变成人们只在生命的"生产阶段"居住的地方，没有为儿童和老人准备的高品质空间。与其说是"城市"，还不如称作"工厂"更恰当，因为这里缺少"没用"的空间，而这"没用"的空间，正是"精神背景"的表达，它是创造性的空间，不是用来买卖的商品，而是人们相互交流的神圣空间。建筑环境是我们生命中一切活动发生的场所，吃饭、睡觉、表达爱意……建筑环境的质量取决于我们对体量、尺度和比例的理解和把握，人性化的体量和恰当的比例将对我们的感知产生积极的影响。城市公共空间是应对人口持续增长的有力措施——持续增长的人口需要

达维德·马库洛，1965年生于瑞士焦尔尼科，现居瑞士卢加诺。马库洛曾先后在瑞士的楚格和卢塞恩两座城市求学，之后于1989年毕业于卢加诺艺术与设计职业大学（Professional University of Art & Design），1998年取得瑞士注册建筑师与工程师资格。

马库洛曾多次到亚洲、美国和欧洲进行考察访问，之后于1990年加盟瑞士建筑大师马里奥·博塔（Mario Botta）的工作室，作为建筑师，负责国际项目，正式开始了他的职业生涯。2000年，马库洛创立了自己的工作室——达维德·马库洛建筑事务所（Davide Macullo Architects），目前已经涉足瑞士、意大利、荷兰、希腊、法国和韩国等各国的项目。马库洛的作品在瑞士海内外都有发表，广受赞誉。马库洛工作室的设计宗旨是"跨文化交流"，公司鼓励开放式的文化交流，因为公司内的建筑师和外方合作者往往来自不同的文化背景，各方带来不同的观点，集思广益，树立了公司"立足本土，放眼全球"的建筑设计视角——从理论到实践，从细节的把握到宏观的土地分析、建筑教学和可持续性施工。

达维德·马库洛（Davide Macullo）

空间来促进社区生活。这就是为中国来设计的建筑师的责任——用休闲空间的肌理重塑中国的新形象。

如果说在历史上建筑通过体量和立面的设计代表了政治和经济力量，那么当今时代，建筑所代表的东西正在发生变化。我们正面临着一个划时代的转折点。网络的高度发达改变了人与时间和空间的关系。这种变化建筑师已经尝试有所表现——通过在建筑表皮上采用更具通透性的材料，不过，这种表现常常不过是表面形象，就像电影布景，而不是深入的表现。

对现代建筑进行的三维立体研究体现在不同程度的通透性上。建筑表现出不同程度的通透性，代表了里面的人的情绪和活动的不同的过渡阶段。历史上简单的空间过渡——从公共空间到半公共空间，到半私人空间，再到私人空间，最后是私密空间——如今已经成为建筑师实现空间通透性与开放性的主要工具之一，通过这种过渡，表现出人们日常生活中所体验的运动的流动性。设计师用建筑手法表现出当代人们的心理空间，预示了城市中社交生活光明的未来。

通讯手段的改变让等级消失了，我们正在适应这种消失。反映在建筑上，我们的设计也需要新方法，让我们离自然更近、去感受自然的变化和消长——多亏先进的现代科技，这样的设计方法才得以实现。反过来，科技赋予我们机遇，本着"本土建筑"和"传统图示"（尤其是中国传统建筑的图示）的精神，回到这种设计方法自身的价值和感知表征上来。因此，我们的建筑变得越来越像是树木，技术连接取代了树液的循环，软而透明的材料取代了树冠，空间关系变得愈发有活力。

建筑师在他的作品中传达出来的敏感性不仅与历史或科技有关，更重要的是与他将空间转换成情绪的能力有关。走近北京天坛（始建于15世纪），你会注意到通向入口的灰色石材铺砌的小路，非常简单，却表现出一种轻盈，给人一种在空中飞翔的感觉。这是一种很独特的体验，仿佛失去重力感一般。从这里你就可以明白，建筑师对体量的精准把握能够把幻想变为现实，使人感觉仿佛置身于世界的中心。这种感觉别具象征意义，因为历史上这里曾是帝王专属的地方。这种哲学和数学的思考能力跟中国对自然的传统理解很相近，中国古人认为天圆地方，他们描绘出的一系列星群存在于二维平面上。事实上，当我们仰望星空，我们会看到一个非凡的三维世界，中国古人的描绘就像一张张地图，描画出纵横在线条间的空隙。这些空隙就是我们今天基于电脑的通讯空间，影响着当今的建筑。建筑变成了三维地图，我们在其中寻找我们的栖息地。

古老的中国绘画已经为我们提供了理解空间的关键，同时也是灵感之源，因为，跟建筑一样，从尺度的不断缩小、各个部分之间复杂的和谐共存当中，我们能够不断发现新的关联和情感。一个星群中的各种元素分布在不同的位置，这启发我们在建筑中设计一系列的连接元素，就像电脑迷宫一样，你凭直觉选择一条自己要走的路。根据我们观察的时间和地点，星群整体总是呈现出不同的状态，分裂成不同的元素。

建筑就像艺术一样，具有制造这种迷宫的能力。我们在这座迷宫中选择最喜欢的空间和连接，有助于我们彼此之间更好的理解，同时这座迷宫也启发我们深思，以期改进。当今的建筑必须抓住中国的这个机遇，进行创造性的建筑实验，表现出中国这个文明古国对生活的态度，从中国古人对自然的描绘和尊重，到今天更注重民主和交流的现状。

经得起时间考验、随着文明的进程共同进步的建筑，是一片土地的历史DNA及其未来之间的一道桥梁。

从零开始

——"白板"上的建筑

文：（意）皮耶尔·阿莱西奥·里扎尔迪

过去50年的设计是建立在许多基本宗旨上的，其中一条宗旨就是：环境是设计的出发点和基本要素。没有对环境的深入、彻底的理解，什么都无法设计。但是，如果背景环境发生了颠覆性的改变，或者这个环境根本就不存在，又会怎么样呢？（见图1）

自从有了像阿尔多·罗西（Aldo Rossi）这样的建筑大师提出的建筑理论，我们就一直无法想象"没有历史的城市"——第一次现代运动中的先驱是怎样英勇地白手起家建设一切的？我们无法想象。目前的城市现状把"历史与城市的关系"问题摆在我们面前，强迫我们抛开过去的痕迹来思考设计。环境在过去的60年里已经变成理论研究了，它不再与现实相关，因为人口中有一大部分人，他们居住的地方已经完全没有过去的遗迹了。现在，我们需要从理论上研究这些现象，需要对非城市空间的特殊现状持有更加开放的态度，而不是保守地、先验地否认一切新事物。[1]

中国在30年的时间里建设起整个国家；3.5亿人口从农村来到城市定居。这就相当于全部的美国人口从欠发达的西部乡村地区转移到东部的城市。（见图2）

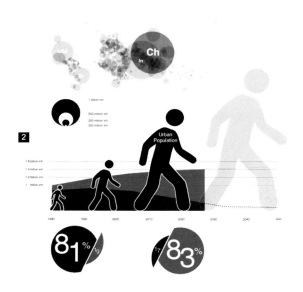

人口的迁移给社会经济和文化生活的蓬勃发展带来千载难逢的机会。旧时的那个中国已经不存在了。社会在不断发生变化，在邓小平推行新经济政策前在变化，在北京奥运会和上海世博会后的近些年也在变化。一年又一年，建筑在发展，环境在变化，过去在消失。

一、转变（见图3）

这种重大的变化来自国家机构有组织的发展策略。而在建筑方面，这种组织性却没有创造多少机遇。政府鼓励兴建新住房，以期解决各种社会问题。

1. "白板"（版权所有：皮耶尔·阿莱西奥·里扎尔迪）
2. 城市人口（版权所有：皮耶尔·阿莱西奥·里扎尔迪）
3. 7日建筑（版权所有：皮耶尔·阿莱西奥·里扎尔迪）
4. 王澍的中国古建筑研究——2011年11月4日王澍在哈佛大学设计研究院的丹下健三讲座"自然形态的几何和叙事"

意大利建筑师、研究员、理论家，"TCA建筑现状研究小组"（TCA Think Tank）创始人，2013年开始任教于米兰理工大学建筑系，并任意大利建筑杂志"l'ARCA"国际版记者、STUDIO建筑与城市规划杂志驻地记者、"主角"（Protagonisti）系列图书编辑。里扎尔迪曾在米兰理工大学和圣保罗城市建筑学院（FAU-USP）学习建筑，获米兰理工大学硕士学位。自2007年以来，与圣保罗的UMM事务所、墨尔本BDA建筑事务所（Bamford Dash Architecture）、德国慕迪国际规划与建筑设计（MUDI）上海工作室、上海JDS建筑事务所、米兰的AMproject等公司均有合作。2011年，他在上海创建"TCA建筑现状研究小组"，致力于建筑设计与研究、推动人们对建筑现状进行理论上的探索。里扎尔迪的作品在各类图书、杂志和网络平台上均有发表，包括"东西创新研究所"（East West Innovation）杂志、l'ARCA杂志、STUDIO杂志、GIZMO杂志、ARTRIBUNE杂志、ArchDaily建筑网站、Designboom设计杂志和Archinect建筑论坛等。里扎尔迪也是米兰"中国青年建筑师大会"策划人，并与哥伦比亚大学合作，应邀做客北京"中国博物馆的未来"研讨会（在哥伦比亚大学北京建筑中心举办）。

皮耶尔·阿莱西奥·里扎尔迪
（Pier Alessio Rizzardi）

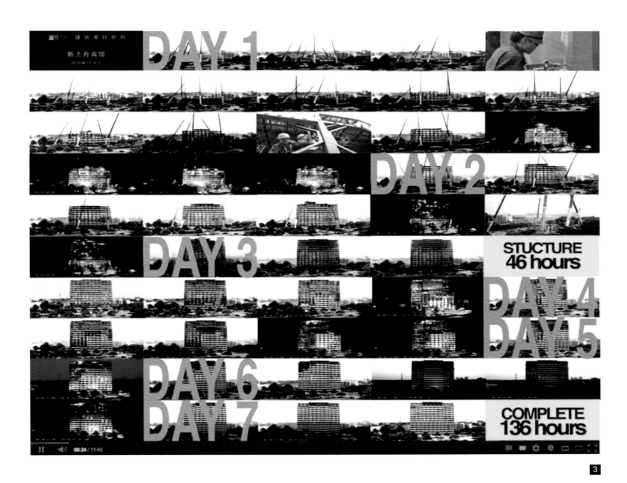

3

与这样的大环境形成对比的是，经济政策的开放让个体有了更多成功的机会。这相当于福利大派放，因为政府不限制能够促进经济增长的个体经营。中央政府——唯一的土地所有者——通过征用土地来鼓励并调节个体经营。

人们认为过去的城市脉络不好，不足以满足现代社会的需求。在1966年林彪"破四旧"（旧思想、旧文化、旧风俗、旧习惯）的浪潮中，新建筑取代了古老的建筑。[2]这个时期的变化是十年的文化大革命都无法比拟的。现在，中国经济在上演"奇迹"，历史悠久的城市遗迹正在消失，中国社会真正的变化开始了。

二、非环境

社会永远在变，上个世纪的建筑教条也在变。对于每天生活在这样条件下的20亿人口来说，脱离环境的、抽象的建筑观念变成了非常真实的概念。[3]新一代国际建筑师开阔的眼界装满了世界建筑的最新潮流，他们来到这样的地方，一定会冒失地大胆挑战旧教条，从理论上研究"非环境"的现象。（见图4）

中国的历史建筑物：90%的古老建筑在过去25年中遭到破坏。 4

中国正是这种情况的典型代表，同时也是研究现今"非环境"现象特点的出发点。我们既要去研究这种"非环境"现象本身，也要研究它存在的条件，以及它对城市建设的影响。

"硬核白板"存在于城市周边地区。跟西欧的情况不同，在这里，这些周边地区有着高密度的人口。环境非常拥挤，而建筑物却很少，高度相仿的一组高楼就能清晰地界定出地平线，产生一种阶梯式的天际线风景。然而，新建筑很少能跟既存环境相融合，它们显得自成体系，与城市脱节；城市中好像任何事都可能发生。（见图5）

"城市白板"是一座城市的历史建设脉络，接近于基础设施和核心建筑物，但是不再与现实相关，不再能够满足都市人的居住要求。"里弄"、"四合院"和其他一些凌乱的房屋形成北京特有的建筑环境，以一到两层的低矮建筑物为特征。这就是北京的传统民居——低矮的房屋、狭窄的巷子、人性化体量的院落，每间房屋都有相当大的私人绿化面积，但这已经不是当今的现实了。人们需要更多的空间，而这种集中式的低密度住宅似乎无法生存了。

"背景白板"是几年前出现的房地产，迅速变得过时，处于拆毁的边缘。它是一种新的"非环境"——对

5. 北京的老房子（摄影：皮耶尔·阿莱西奥·里扎尔迪）
6. 重庆房地产（摄影：皮耶尔·阿莱西奥·里扎尔迪）

未来的建设来说。它是潜在的空白空间，不会持久存在，因为其特征与当前的现实不搭。

三、需要有人开始改变

人们觉得几乎所有的空间都是完全可以重建的，所以没有一个最终的定型。最初的建设在一片空地上竣工后，未来可以有无数的重建、拆迁等。[4]中国的城市环境简直是一块完美的"白板"试验田。

"白纸"的概念在中国不代表一种焦虑，而是一种永恒的状态。新一代的中国建筑师看到这块"白板"有着几乎无尽的可能性，他们的设计就是对这种可能性的诠释。（见图6）

从零开始会带来一种改变的冲动，一种创造并挑战建筑的机遇。那些大胆的建筑师视之为没有任何限制的"创造机遇"，这激起了他们幼稚、鲁莽的创作兴奋。没有什么限制，他们就能创造新的内容、新的表现、新的价值。

能够成功面对这种状况下的挑战的建筑师不会让自己受到蒙骗，他们理解并诠释了这张白纸的潜力，以期充分利用这种潜力。

MAD建筑事务所（MAD Architects）显然抓住了"白板"赋予他们的机会，他们设计的建筑打破了城市常规的脉络，打破了"棋盘"式的方方正正的城市格局，

6

并且通过曲线的有机形态让他们的建筑鹤立鸡群，在传统城市脉络中诠释了一种新的理念，让观者的感情为之所动。在鄂尔多斯博物馆中，他们也采用了有机形态，以期与沙漠的环境相协调，让观者仿佛超越了时间与空间。就像施工期间的一张照片一样，沙漠就是"硬核白板"，鄂尔多斯市则是一张白纸上的新理念。

大舍建筑设计事务所（Atelier Deshaus）设计的螺旋画廊（Spiral Art Gallery），反映了他们对亚洲文化中空间的含义的研究。建筑师从内部开始设计，首先设计出室内空间，然后让室内影响室外。他们把亚洲传统（这种传统侧重室内和室外空间的连通）重新与"人性化体量"和"安全的空间"相关联。

OPEN建筑事务所（OPEN Architecture）的创始人李虎对"原型"的概念比较感兴趣——能够适应变化和临时用途的普遍模式。他的作品试图发明一种能够适用于多种情况的模式，能够适应应用时所遇到的不同变化。

"销售馆"（Sales Pavilion）的设计就能够适应任何地点。它是一种临时的、标准的组件，可以安装和拆卸，确保了多功能性和可持续性。用完之后，还可以在别的地方再利用，不用做任何改变。北京四中房山校区的设计总结了自然与人工的融合问题——亚洲传统文化中十分重视的一个问题，李虎的设计将人工置于自然之上，而不是取代自然，并借鉴了许多建筑理念，包括战后欧洲建筑思潮的"宏大建筑"传统和"元叙事"，如艾莉森·史密森（Alison Smithson）和彼得·史密森（Peter Smithson），以及法国思想家居伊·德波（Guy Debord）的情境主义国际（Internationale Situationniste）和更近一些日本提出的"新陈代谢理论"（Metabolism）。5

刘家琨对现实的清晰洞见令人称道。看了他的作品，就能察觉出，刘家琨的设计一定是建立在清楚了解建筑工人的情况和技艺以及中国施工问题的基础上。他采用一种叫做"低科技"的方法，侧重实际的解决办法，能够解决复杂的细节问题（初级技术工人无法做到的那种细节）。这种方法的最终结果与巴西的野兽派设计（Brutalism）很像，如巴西建筑大师保罗·门德斯·达·洛查（Paulo Mendes da Rocha），他的建筑就以粗糙的外观、理性的造型和合理的布局为特色。刘家琨设计的鹿野苑石刻博物馆就足以能够代表他的这种方法——通过对材料的深入研究、简单的建造工艺和几乎为零的科技，解决了建筑工人季节性施工的问题——用建筑工人自己的话说，就是"卷起裤管种地，放下裤管盖房"。

徐甜甜建筑事务所（DnA - Design and Architecture）的创始人徐甜甜相信，"建筑就是元素的重组"，她利用"集体形式"——日本"新陈代谢派"创始人之一槇文彦的理论，6在他之前还有欧洲的X建筑师团队，也探讨过这个问题，最近日本SANAA建筑事务所设计的一系列博物馆又做了新的探索。这种方法创造出一些"共同因素"，产生一系列形式与功能的"单元"。构成元素与整体结构之间有机的相互依存关系就像一个小村庄，这个村庄有一种规范的形式，在不同的平衡点上逐渐演进。正是在这种理念的驱使下，徐甜甜设计了北京宋庄艺术区的三栋重要建筑——设计仅用30天就完成了。7

在艾未未和瑞士赫尔佐格&德梅隆建筑事务所（Herzog & De Meuron）的合作下，宏伟的北京奥林匹克体育场诞生了。这座体育场所在地就是一块"白板"的背景——地处北京市郊，之前这里曾因为修建奥运场馆而进行了拆迁。建筑师别无选择，只能设计一座新体育馆（这座新馆在奥运会之后可能就不会使用了）。他们理解问题所在，并且为解决这个问题而设计了一栋足够吸引眼球的宏伟建筑，让这栋建筑成为该地的特色。巴西建筑之父奥斯卡·尼迈耶（Oscar Niemeyer）为巴西首都巴西利亚——一座"白板"城市——的设计为我们界定了"城市空间"与"宏大性"之间的关系。

建筑师正在寻找当代世界所面临的虚无问题的解决办法。每个人都希望通过他们的设计策略和方法留下自己的印记，创造出能够改变"白板"状态的空间——"白板"是他们项目的第一阶段。

四、只有强者才能生存

在这样的情况下如何着手设计？这里面涉及的概念和策略可能会有很大不同，但是，有一个统领一切的共同点，那就是：建筑师应该有这样的意识——建筑的目标应该是营造城市环境，而不是让建筑功能止于建筑自身。中国的环境在迅速变化，在迷失、在消失、在转变。因此，唯一可能的建筑是那些生存下来的、有用的、与人息息相关的，并且是能够在其周围营造出一种环境的。反之，凡是在实际中不好用的都将会消失（见图8）。只有最强的建筑才能生存，其他终将回归"白板"。

7. 成都的拆迁标记
（摄影：皮耶尔·阿莱西奥·里扎尔迪）

注释：
1. 雷姆·库哈斯（Rem Koolhaas）、斯特凡诺·博埃里（Stefano Boeri）、桑道夫·昆特（Sandorf Kwinter）、纳迪亚·蔡（Nadia Tzai）、汉斯·尤利斯·奥布里斯特（Hans Ulrich Obrist），《突变》（Mutations），BarcellonaActar出版社，2011年出版，第309页。
2. 周锡瑞（Joseph Esherick）、保罗·匹克威茨（Paul Pickowicz）、安德鲁·乔治·瓦尔德（Andrew George Walder），《作为历史的中国文革》（The Chinese Cultural Revolution as History），斯坦福大学出版社，2006年出版，第92页。
3. 雷姆·库哈斯，《新加城的歌谣》（Singapore Songlines）序言——"堂皇的都市缩影，或白板30年"（Portrait of a Potemkin Metropolis... or Thirty Years of Tabula Rasa）。
4. 雷姆·库哈斯，《新加城的歌谣》序言——"堂皇的都市缩影，或白板30年"。
5. 雷姆·库哈斯，《日本计划——代谢派访谈》（Project Japan: Metabolism Talks），Taschen出版社，2011年出版。
6. 槇文彦，《集体形式研究》（Investigation on Collective Forms），华盛顿大学建筑学院出版社，1964年出版，第14页。
7. 约瑟夫·格里马（Joseph Grima），《当今亚洲——变化的大陆，快进的建筑》（Instant Asia: Fast Forward through the Architecture of a Changing Continent）（平装本），米兰Skira出版社，2008年出版。

医疗建筑的美学与社会功能

文：（荷）毛里茨·阿尔格拉、维克托·德·莱乌

医疗建筑要兼顾"自身美观"与"服务大众"两项功能。这是未来医疗建筑的发展方向。医疗建筑既要保障并促进医护人员的工作，又要有助于病人的康复。对荷兰医疗建筑公司（DHA）来说，这是必须的要求。我们公司坚信：医疗建筑的设计在社会中扮演着重要的角色。荷兰医疗建筑公司希望运用我们在医疗领域的专业知识和经验，为中国医疗建筑不断增长的需求做出贡献。我们的目标是为国际客户打造更加高效、功能齐备的医疗建筑。

当《中国建筑设计年鉴2013》一书的编辑找到荷兰医疗建筑公司时，我们欣然同意在书中分享我们对中国医疗建筑的看法。建筑的作用不仅在于美学，我们需要在"功能"和"美学"之间找到平衡。

1."功能"与"美学"并行不悖

医疗建筑必须满足"功能"和"美学"两方面的要求。"功能"和"美学"之间适当的平衡也是荷兰医疗建筑的一大特点。我们认为，建筑的作用远不止于外表。首先，医疗建筑必须满足社会需求；其次，医疗建筑的外观必须美观。社会需求对医疗建筑来说十分重要。我们看到中国建筑很注重视觉效果，也就是建筑呈现出来的外观形象，建筑是作为"图像"来被审视的。但是，对于像医院这样复杂的建筑来说，在我们看来，建筑内部的护理功能更加重要。你要将内部功能的理念与建筑外观结合起来。建筑的功能必然决定其外观。

"功能"和"美学"是医疗建筑领域必须并行不悖的两个方面。医疗建筑必须保证医生能够顺利地进行工作，而不会受到建筑的制约。此外，名声在外的知名建筑在实际运行中也并不一定成功。只顾美观而不顾功能是不行的；只注重功能而忽视美学也不可取。我

们对于医院中的医疗过程有一定的知识和了解，在此基础上，我们希望我们的设计能够兼顾医护人员和患者双方的要求。多年来，我们对医院内部的医疗过程积累了深入的知识。中国医疗建筑在"功能"和"美学"之间能达到更好的平衡，提供更高品质的空间。不过，这种进步还需要进行深入的探讨。

2.为未来设计

理解设计的核心，知道设计明确的目标，这是设计师在开展设计之前必须首先做到的。这是一种完全不同的设计方法。设计要遵照一种"逐步"的设计过程。首先是详细了解客户的要求和目标以及各种限制条件，然后才能进入设计阶段。我们对第一步当中的问题很感兴趣。客户要的到底是什么？我们需要寻求什么样的解决办法？只有当我们足够了解这些问题了，才能确保提供正确的答案。这就要求建筑师和客户之间要有交流和互动。这种西欧式的工作方式是很罕见的。对中国设计师来说，设计过程中也应该有这重要的第一步，中国需要自己的设计过程。

同时，对于建筑的未来也需要跟客户交换意见。他们的设计不仅要满足当前的需求，而且要满足20

毛里茨·阿尔格拉（左），建筑与土木工程专业硕士。1995年，阿尔格拉受雇于dJGA建筑工程公司（de Jong Gortemaker architectenen），作为一名土木工程师正式开始了他的职业生涯。从荷兰建筑研究院（Academy of Architecture）毕业后，2003年，阿尔格拉成为"dJGA阿尔格拉"公司的建筑师和所有者。阿尔格拉注重拓宽公司的设计范围，承接医疗、学校（教育）、办公和其他各种实用建筑项目，既有新建筑，也有老建筑翻新。在他的努力下，在过去的十年中，"dJGA阿尔格拉"已经成为一家国际化的公司。阿尔格拉是荷兰医疗建筑公司（Dutch Health Architects，简称DHA，成立于2010年）的联合创始人。

维克托·德·莱乌（右），建筑专业硕士。在取得荷兰代尔夫特理工大学硕士学位后（建筑、城市规划及建筑科学专业），1988年莱乌加入了EGM建筑事务所（EGM architecten）。1997年，他成为该公司的所有者（合伙人）。2010年，由他发起动议，创建了荷兰医疗建筑公司。莱乌设计了大量作品，包括各种类型的项目。他的设计领域从医疗建筑及其配套生活设施，到政府建筑、办公建筑和城市规划，不一而足，全都建立在针对功能性、使用者的健康和可持续性原则等方面的创新理念的基础上。

毛里茨·阿尔格拉（**Maurits Algra**）
维克托·德·莱乌（**Victor de Leeuw**）

年后的需求。多年来荷兰在这些方面已取得了相当大的进步，关注的焦点已从"灵活性"变为"体验性"，医院的设计也随之获得巨大进步。这些也是中国医疗建筑所应提升的"附加值"。

3. 中国面临的挑战

中国在医疗领域面临着巨大的挑战，对医疗和康复治疗设施存在着巨大的需求，而且由于计划生育政策和中国迅速增长的老龄化人口数量，老年人的医疗需求也会增大。中国正在努力改善医疗水平，这从政府对医疗领域的优先政策就能看出来。中国正在从其他国家中学习知识和技术，希望能够解决目前面临的复杂的问题。中国政府以及医院和老年疗养院等私人机构实施了许多新的政策和行动。

医疗建筑的设计是一个社会问题。荷兰已经在建设高效的医疗建筑方面积累了丰富的经验，大大提升了医疗建筑设计的水平。荷兰医疗建筑公司可以用许多先进的理念来帮助中国的医疗建筑设计，使医疗建筑更加方便，效率更高，同时通过建筑设计的手段，带

来更高品质的空间。荷兰医疗建筑公司曾为河南省新乡市长垣县设计过一个肿瘤中心（中国河南宏力医院肿瘤中心），占地面积约60000平方米，含500个床位。这栋建筑包含医学研究、治疗与手术等空间。这家医院是河南省一个大规模的"医疗城"的一部分。关于这个"医疗城"如何才能更高效地运营，荷兰医疗建筑公司也曾与客户有过沟通。我们对这类大型项目中涉及的复杂的运筹过程有着丰富的经验。

4. 在荷兰的学习经验

根据一些独立报告——如欧洲健康消费指数（EHCI）——显示，荷兰医疗是欧洲最好的。多年来荷兰一直在这项排名中位居前列。对医疗系统的衡量是根据医疗服务使用者的体验做出的，包括医疗供给、患者友好度、安全、便捷等方面。建筑也能有助于医院提供高品质的医疗服务。建筑能够确保医院里人力和物力实现高效的组织和利用。我们要设计高效的建筑，这样，医生才能每天不用走很长的路去探视病人。这样，医护人员才能更高效地履行职责——在某种程度上，合理的建筑布局是他们工作效率的保障。荷兰医

疗建筑公司会根据患者以及周围环境的愿望和要求，设计合理的医疗建筑。

荷兰尽管在医疗领域处于领先地位，但似乎对在中国建立一所荷兰医院兴趣不大。我们不会用所谓世界通用的模板来进行复制。我们试图利用我们在医疗建筑方面的思维方式和设计方式去适应这个世界舞台。在"从荷兰到世界"的过程中，我们的建筑师需要确保"功能"与"美学"之间的平衡。对每一个设计来说，我们会找到新的平衡。举例来说，中国的传统做法是在医院里为患病的家属煮饭、洗衣。这一点不是我们能改变的。我们所能做的是通过建筑设计确保这些事务能够更加高效、合理地进行。通过运用我们的专业知识，我们将家属事务料理区设置在病房外，

因为对病房来说，医疗护理必须是第一位的。所以我们专门设计了一个空间让家属可以一起洗衣、做饭。

荷兰的医疗事业已经取得了极大的进步。荷兰建设了很多医院，兴建费用并不是很大，都是标准的预算，满足必须的要求。其中许多都是由dJGA建筑工程公司和EGM建筑事务所设计的。荷兰的医疗系统可以作为一个标杆。医疗建筑设计必须始于良好的规划，有了良好的规划以后，才能进一步细化到施工和未来建筑的运行。不能只简单地建起一栋建筑，建筑背后得有合理的组织和规划，确保日后良好的运行。

5. 建筑的作用——改善空间品质，增进人员互动

中国的医院可以更高效地组织医疗护理活动，

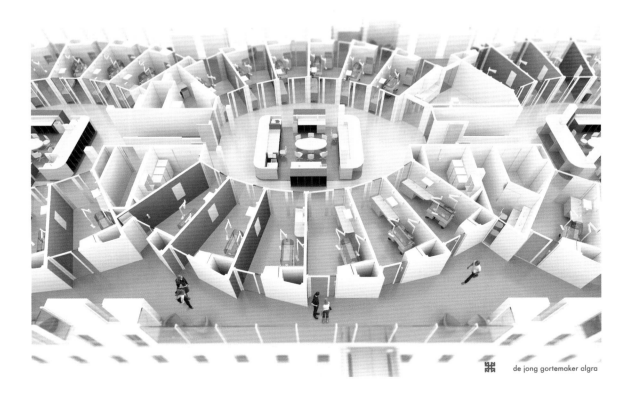

de jong gortemaker algra

所以还能比现在更加具有"患者友好度"。在这方面的改进中，医院必须更加关注护理空间的规划，让空间的利用更加有效。如果医院内的功能区更加系统、合理，患者的流动就能更好地管理。另外，我们发现中国很多医院由于患者数量剧增而出现爆满的情况。我们认为这类问题的解决在于良好的规划以及对医护过程和建筑本身未来的预期。比如说，我们注意到中国医院办理入院手续的过程可以大大简化，不必花那么多时间，这样，在相同数量的护理人员关照下，每个病床能够得到更高品质的服务。

我们认为，中国医院的空间布局可以更高效，医院内各个部门之间的后勤管理也还可以改进。在此基础之上，我们的项目中需要应用全新的门诊理念。通过将患者问诊区与医生的后勤办公室分开来，大大提高建筑的效率。这样，医生有了自己的后台工作场所，工作环境能更加宜人。而医生给患者做检查的空间则更加侧重患者的体验。当然了，这两个空间相隔不远。

这种设计理念在中国还不为人所知，这种理念不仅能够改善医生和患者之间的交流，而且也有助于医生之间的沟通。这种设计的结果是不会造成专攻某一方面的医生聚集在一起。未来的医学发展方向是越来越多的专家混合在一起，所以我们现在就要为这种发展做好准备，让医生之间的交流成为可能。但是，首先要保证降低失误的风险，这能改善整体的医疗质量——这才是最重要的目标。一家医院只有凭借顶级的医疗护理才能在其他竞争者中脱颖而出，而良好的医疗建筑设计必然有助于我们实现这一目标。

6. 老年人医疗护理的未来

中国老年人的医疗护理市场正在兴起，伴随而来的是老年人膳宿的巨大需求。很多人已经抓住了这一点。这并不是荷兰医疗建筑的核心职能，但我们也展望了中国老年人医疗护理的未来前景。目前的规划大多是仅为老年人准备的"封闭式社区"，呈现出"主题度假公园"的外观。问题是：这是不是中国老年人膳宿问题的正确解决办法？老年人在这样的环境里生活会快乐吗？在荷兰，从前老年人住在各种护理机构中，但是现在情况已经发生了变化，老年人更愿意一直住在他们自己的社区里（通常是在自己家里），离亲属更近，附近的基础设施也更完备。荷兰医疗建筑公司专注于医疗建筑的设计。我们愿意通过访问团或讲座的形式与全世界分享我们的设计知识和经验。通过分享和交流，世界才会变得不同。

公共空间的意义和挑战
——由北京悦美术馆与深圳绿景大厦引发的思考

文：（荷）莫妮卡·亚当斯、朱丽叶·贝克林

1. 引言

《中国建筑设计年鉴2013》一书的宗旨在于引发针对中国当代建筑的新的讨论。这样一本书告诉我们，中国需要停下来思考，而不能只顾闷头建设。作为外国建筑师，我们希望通过评述两个最近的中国建筑作品来回顾中国当代建筑的发展——这对我们来说也是个不小的挑战。我们必须从整体上思考中国建筑，并进一步关注其最新发展。在这个过程中，我们也不可避免地对我们自己（欧洲和荷兰）的建筑环境进行了反思。

我们接到的任务是评述CCDI悉地国际的深圳绿景大厦和陶磊的悦美术馆——乍一看完全相反的两个作品。深圳绿景大厦是一栋玻璃外立面的办公大楼，高耸入云，室内装修以蓝色和金色为主，由中国知名建筑公司CCDI悉地国际设计。这栋建筑一眼看去是很典型的常见的现代化大楼，要想找到其建筑设计上的亮点和使其脱颖而出的特色，恐怕需要费一翻功夫。悦美术馆一个翻新工程，坐落在远离北京市中心的一家古老的砖厂里，由陶磊建筑设计公司操刀，设计极其精致，室内完全采用白色（遵从了原有的室内色调），并设计了新的功能区以期让这家美术馆重新焕发生机——文化上和商业上的生机。

这两栋建筑看上去是两个极端，但事实真的是这样吗？在更加仔细地审视这两栋建筑，审视其环境以及中国最近的发展之后，我们认为这两个作品代表了当代中国的一种有趣的发展现象，显示了中国传统文化重新评价的开始以及对公共空间的作用的重新评定。这种发展及其引发的社会现象也是本文要反思的对象。

2. 过去几十年的城市发展

过去的20年里，中国在蓬勃发展。90年代初期的市场开放带来了未来光明的前景，人们期待着建设人口上百万的大都市。在过去的几十年里，一大批城市可以说是从零开始发展起来的。在这样的城市扩张背景下，传统的老房子——采用本土材料和工艺，承载着大量的传统文化和社会发展痕迹——很多都消失了。几乎没有任何保护政策，城市环境以及传统村落和小城市里的历史遗迹都遭到忽视。现存的社会结构因此而消失，也没有用新结构来取代。

新的大都市想要承载大量人口，而不是以小型社区的社会结构传承为目标。像上海、北京和广州这样的大城市一直在扩张，摧毁老旧的社区——只要觉得是发展的需要。如果历史内核得以保存的话，恐怕更多是巧合而不是特意为之。比如北京798艺术区（悦美术馆就在这里），原来是一个军营，所以在周围地区历经拆迁之时得以保留。

我们认为20世纪80年代和90年代的城市规划，其核心可以说"重在技术"，主要目的在于满足大量城市人口的需求，组织新的城市枢纽，用先进的方式控制交通流量。

像深圳这样的新城市几乎可以说是白手起家的，从一个小渔村起步，在极短的时间里发展成今天这样的大都市。在建设过程中，文化遗产遭到破坏，剩下的只有抽象的历史，很多城市规划都采用象征主义的设计，比如用花朵或者风车式的布局。

"宏伟蓝图"的规划似乎比人文关怀更加重要。其他的城市——比如北京——也在扩张，在改变城市的历史脉络。还有少量的城市历史遗迹得以保存，可以说纯属幸运，80年代和90年代的文化精英才得以重新发现这些遗迹的价值。

莫妮卡·亚当斯（左）和朱丽叶·贝克林（右），贝克林&亚当斯建筑事务所（Bekkering Adams Architects）联合创始人。这是一家充满活力的、涉猎范围极广的建筑公司，位于荷兰鹿特丹，承接国际项目，以开放的眼界和心态面对未来社会。抱着改善城市环境的雄心壮志，莫妮卡·亚当斯和朱丽叶·贝克林组建了由建筑师和设计师组成的一支充满激情的团队，共同向创新性和可持续性的目标迈进。她们充满表现力的建筑设计有着浓郁的特色，注重用材料和细节传递触觉的表达。多年来，莫妮卡·亚当斯和朱丽叶·贝克林设计了一批独特的作品，用特色十足的建筑形象树立了自己的品牌。她们注重研究在设计中的作用，经常寻求与其他公司合作，以期建立成熟的研究方法，深化设计的内容，包括对可持续性、材料、透视法、类型学等方面的研究。贝克林&亚当斯建筑事务所尤其对当今城市转变过程中的公共空间潜能的开发问题感兴趣。贝克林&亚当斯建筑事务的设计从大型建筑项目到概念设计无所不包，包括大型办公楼、公共建筑、城市规划、室内设计等。公司的作品在国内和国际多种建筑图书和知名期刊上均有发表，多个项目曾获国家建筑奖项提名。近期竣工的项目包括：埃斯普利特比荷卢（比利时、荷兰、卢森堡）总部（Esprit Benelux）、Bloemershof（一系列城市公共建筑）、鹿特丹的一个公共游乐场以及一间提供全天候营救服务的消防站等。

莫妮卡·亚当斯（Monica Adams）、
朱丽叶·贝克林（Juliette Bekkering）

这些得以保存的遗迹里从来没有完整的社区环境，而总是一些小的、封闭的院落。在这些地方，狭窄的街巷构成迷宫一样的格局，形成了一张独特的"过渡式"公共空间网：主要街道上是公共空间和商业空间，过渡到次级街道上的半公共空间，再过渡到离居民住宅很近的小巷子里的半私人空间。空间都不大，尤其是离居民区最近的地方尤其狭小，却有着重要的社会功能——孩子们在这里玩耍，老年人在这打麻将。人们的日常社会活动就在离家最近的这些封闭式空间中开展。像广场和公共庭院这样宽敞的活动空间在"胡同格局"中是没有的，有更多人聚集的活动都在封闭式社区之外的花园和公园里进行。就我们所知，现在"休闲"已经成为一种奢侈，只留给少数幸福的人。

3. 中国建筑师的成长

城市规划和建筑设计在中国一直是由大型国有公司掌控的。直到20世纪90年代，代表中国建筑的还主要是传统中式风格的古老建筑、毛泽东时期共产主义风格的公共建筑、为吸引眼球而建的混凝土建筑以及设计不佳的千篇一律的高层住宅楼（没有别的目的，唯一的目标就是高效地容纳更多人进行工作和生活，常常是很多人聚集在一个空间里）。"建筑美学"和"城市环境的融合"这类问题，似乎并未引起任何关注。20世纪80年代和90年代的政治和经济改革让更多人投身私营领域，建设了一批私人企业的大楼。这改变了人们对建筑的看法。建筑变成一个卖点，知名的建筑形象成为商业资本。

建筑环境的景观形象也发生了改变。现在承接中国项目的建筑公司可以分为以下三类：

1）土生土长的中国本土建筑师，常常是建筑院校里的教授，或者跟国有设计机构有关。他们会把中国元素融入到他们的设计中。

2）外国建筑师。他们得到设计委派通常是因为他们设计过一些标志性建筑物（一个比一个更高、更前卫）。他们设计的建筑往往跟周围环境不相容，显得鹤立鸡群，用突出的建筑形象象征着委托客户的实力。

3）有国外教育背景甚至工作经历的中国建筑师。他们回到国内，把传统的中式建筑元素和材料与先进的现代化建筑理念相结合。2012年普利兹克建筑奖得主王澍就是这个类型的代表，他让西方世界认识到中国已经演化出一种新型的本土建筑。

设计了上述两个项目的两家建筑公司——设计北京悦美术馆的陶磊建筑设计公司和设计深圳绿景大厦的CCDI悉地国际——代表了上面所说的中国建筑师的两个类型。CCDI悉地国际是从国有企业发展而来的一家建筑公司，既独立承接项目，也跟其他公司合作，包括中国公司和外国公司。与澳大利亚的PTW建筑事务所（PTW Architects）、中国建筑工程总公司（CSCEC）和英国奥雅纳工程顾问公司（Arup）合作设计北京奥运会游泳馆（即"水立方"）后，CCDI悉地国际公司在国际上有了名气。这次合作之后，他们的声誉稳步提升。CCDI悉地国际有将近4000名员工，来自各种专业背景。他们的工作领域主要是设计大型的公共或私人办公楼，客户遍布全球。在中国的商业界，建筑讲究"快"和"准"，建筑师工作节奏快，废寝忘食，没有什么时间用来反思或者对一个设计进行深入的挖掘。这种方式显然隐藏着一种危险，那就是：设计的唯一目的是满足商业利益，只要好卖，没有更高的要求。

悦美术馆的设计者陶磊代表了另外一种中国建筑师——相对年轻，在中国本土开设自己的小型事务所，工作领域侧重小型项目的设计和翻新。显然，他们

要把很大一部分时间用来修改、完善设计稿，钻研各种元素的运用、材料使用的细节等。

4. 象征与商业

过去几十年来，商业上的成功一直是衡量大部分建筑产业的一条重要标准。投资商只对能让消费者和客户买他们楼的东西感兴趣。直到21世纪初，商业上的成功还主要体现在突出建筑形象或者在整体设计中融入象征符号。但是，人们的观点在变化。像北京798艺术区这样的城市开发已经证明了其商业上的成功，甚至已经变成一棵摇钱树。

开发商和投资商慢慢开始意识到，历史的、本土的建筑有其独特的价值。除了具有历史感之外，这些传统空间还有着特定的社会功能。这些城市空间侧重人性化，能够促进人与人之间的交流和互动。人们已经看到，打造这样的能够促进人文体验的空间，里面蕴藏着巨大的商机。

城市公共空间是市民休闲放松的地方、是遮风挡雨的地方，更重要的是，它是人们相聚交流的地方。这一空间的价值正在越来越清楚地显现出来。投资商也开始意识到，当他们的建筑与公共空间联系起来的时候（也就是说营造出社会交往空间），往往能够创造出更大的价值。一旦有了这样的认识，以商业为导向的建筑师及其客户似乎也开始关注城市社会生活的重要性了。

5. 新的思维方式

这里评述的两个项目，其设计都与周围环境相结合。深圳绿景大厦试图营造出一种都市氛围，而悦美术馆则是针对周围的商业活动。把这两个作品放在一起看时，我们发现这两个世界有着某种联系。

深圳绿景大厦体现了设计师对社会公共生活的关注，显示出一种新型的中国本土建筑正在萌生。建筑设计的重点越来越脱离建筑的造型、城市的开发这些针对建筑本身的问题，而是将设计过程转向促进社会生活和公共生活的可能性。只要看看现在中国大学里的研究课题，就足以证明这一点。20世纪90年代及21世纪初，高校的研究课题还主要在于建筑本身，尤其针对建筑形象，城市公共生活的潜能还不在他们的研究范围内。现在我们看到，学生的课业主要针对城市环境，学生不仅要学习建筑本身的课题（涉及建筑技术的问题），而且要培养宏观环境的理念，包括建筑周边的环境、这个环境在更大范围内的作用，以及建筑对社区生活的影响等。像王澍这样的中国建筑大师带来的本土视角，让人们对"城市空间可以是什么样的、应该是什么样的"问题有了新的认识。中国目前的情况需要有高效的道路规划来解决交通问题，在这种规划中就有机会对城市空间以全新的方式进行利用。

城市空间应该兼顾现代发展的要求（效率、运转、大量人口的居住需求）与人性化的要求（人们需要舒适和安慰）。我们需要舒适的、有情感的空间，而不只是一个高效率的地方。城市空间的设计应该给予社会生活方面更多的关注。我们想要看看中国是否能发现这种新的思维方式，也许对上述两个项目的进一步分析能够揭开这个秘密。

6. 悦美术馆

悦美术馆位于北京798艺术区。这个地区在北京市中心之外，是20世纪90年代初期开发的，从前是个工厂，完全由政府提供资金，由东德工程师和俄罗斯顾问设计，建于20世纪50年代，是由混凝土拱顶和砖石结构组成的一系列建筑。之所以能够保留下来、没有拆迁，完全是因为工厂的性质——直到80年代还在使用，也是在那时候，一大批北京现代艺术活动团体在寻找新的地方安家。那时候，中央美术学院需要便宜又宽敞的工作室，就选择了远离市中心的一间废弃厂房。798艺术区就从这里起步，并迅速发展起来，变成了一个传奇式的艺术聚集区。一开始是工作室，后来又有了美术馆，21世纪初，外国企业家和游客逐渐发现了这里。

悦美术馆就在这个地区，坐落在始建于20世纪80年代的一间典型的厂房里。要想将其改造为一家现代美术馆，原有建筑需要进行重大改造。设计中面临的一个重要问题是文化功能与商业活动如何结合，如咖啡厅、艺术品店和工作室等。此外，另一个重要问题是对原有建筑的保护。对建筑师来说，厂房的框架结构很普通，似乎不值得进行彻底的修复。然而，他们还是认为有必要为其新的艺术展览功能寻求更多的可能性。设计师认为建筑外表皮有价值，应该保留，做了适当的处理，尽量对原建筑少做改动。

悦美术馆的设计以对空间的巧妙塑造为核心，设计师只做了一处改动，既尊重原空间，同时也进一步凸显了空间，为空间注入新的活力。原来简单的"盒子空间"变得更加流畅、宽敞。陶磊将这个"流动的空间"描述为中国传统山水画的意境。

通过采用纯白的、光滑的室内表面，砖石建筑的粗犷和室内空间的纯洁产生一种戏剧化的对比效果。室内的光滑和砖石的粗糙形成鲜明对比，更加凸显了这栋建筑的古老沧桑感。材料的巧妙衔接实现了从老旧砖石到光洁的室内的自然过渡。花边图案营造出强烈的触感，因此也赋予空间一种情感。玻璃的使用让空间极具渗透性，同时这栋古老的建筑也变得不那么容易亲近，因为玻璃让人无法感受砖的触感。通过这

种处理手法，建筑师让我们更加强烈地感受到这栋原始建筑的魅力。建筑师通过材料的对比、赋予新的意义、挖掘新的可能性等建筑手段，让我们感受到这栋古老的砖石建筑的魅力，如果他彻底翻新建筑表皮的话，效果远没有这么好。这个项目可以说令人叹为观止。很显然，建筑师花费了相当多的时间与心血。奇怪的是，细节的协调问题似乎逃过了他的注意。室内出现了不相宜的暖气片，室外则有一排空调设备，似乎机械工程的部分不在设计师的任务范围内，所以他也无法控制。

7. 深圳绿景大厦

深圳绿景大厦的特点就完全不同了。绿景大厦完全是一栋新建筑，自身营造出一个新环境，并且显然是为商业而设计。作为中国经济特区，深圳这座城市发展极快，毗邻中国南海岸的地理位置为其创造了货运的便利，进而带来巨大的经济效益。人口上百万的一座大都市迅速建立起来。绿景大厦位于深圳中央商务区的核心，这里是国际商业活动的中心地带，旁边有一条宽敞的大街。这栋建筑采用玻璃外立面，高耸入云，附近也全是类似这样的建筑。对我们来说，这栋建筑一方面代表了老式的设计（注重视觉形象的、象征性的典型商业高层建筑），另一方面，我们也将其视作新时代的标志。

跟大多数同类商业建筑不同，深圳绿景大厦的设计不止注重象征性的形象，而且更进一步考虑了如何与周围环境相融合。下方的裙楼呈现不规则多边形，上面高层的部分是相同的办公楼层。

这栋大厦的设计旨在打造一座现代地标建筑，顶层处的凹凸式设计非常吸引眼球。最下面的几层是商业空间，里面有餐厅、会议室以及灵活的办公空间，为

未来活跃的商业活动创造了可能性。建筑师通过对整体环境的把握，解放了建筑周围的空间，创造出一个新的城市广场，用这个活跃的多功能空间将建筑所在地与城市中轴线联系起来。

作为商业写字楼，这栋建筑也融入了中国元素，具有象征意义，比如顶部的凹凸设计。这种凹凸设计尽管从整体的城市规划角度来说有所作用——缓解了与旁边的政协大厦过近的距离感，但是对于室内空间来说，应该还能做进一步的挖掘。以现在的方式，象征性造型的使用带来一种危险，容易变成华而不实的、空洞无意义的建筑语言，而不是成为城市中既趣味盎然又经得起时间考验的一景。

绿景大厦的另一特色是色彩的对比：一面是深色玻璃和钢材，另一面则用浅色材料，二者形成一种平衡。这种象征性的思路从设计初期的模型来看比最终建成的建筑更为突出，这可能意味着这个项目花在设计和细化上的时间并不是其主要重点，有些最初的设计理念不知为何消失在了毫无疑问十分紧张的施工过程中。

8. 讨论与发展

这本书旨在引发对建筑的讨论。我们想进一步拓宽这场讨论的范围，探索建筑与城市规划的可能性，尤其关注建筑的社会影响以及带给人们更多社会活动的机遇。公共空间的发展能够增进人们的互动和交流，并且满足当代社会的需求。这是本世纪设计的一个重要议题。

在当今世界城市化进程飞速发展的背景下，公共空间的作用变得越来越重要。公共空间成为我们社会的代表，在我们的城市生活体验中扮演着重要的角色。在西方世界中，古希腊哲学家柏拉图曾把公共空间定义为"社会的关键"，认为公共空间是人们交流意见、进而发明新思想的地方。现在，几千年后的今天，公共空间的意义和重要性仍然如此。公共空间仍然是人们相互聚集、交流思想、进行讨论和对话的地方。

中国面临的挑战是如何发展公共空间使其能够满足大量人口的需求，同时兼顾人文关怀。城市空间应该是社会结构的一部分，表现出集体性并满足我们交流的需要。

回顾欧洲和荷兰的环境，我们觉得针对建筑的探讨应该包含这个领域内的各方意见。公共空间不应该只由建筑师或者城市规划师决定，而应该是开发商、设计师、市政服务部门以及使用者群体通过交流来共同决定。各方都应该参与到设计的过程中来，这样才能打造出真正成功的集体空间。

我们的建筑公司对公共空间的影响和重要性一直非常重视。我们对改善我们的城市环境抱有雄心壮志。我们希望用丰富的空间表现和空间体验来创造出更好的建筑和公共空间。城市公共空间应该能够满足各种活动的需求，并且对市民来说应该具有吸引力。在这里，我们与陌生人相遇，我们在此徘徊、放松身心，我们也在此思索或游玩。我们觉得如今的公共空间能够满足社会交往的需求，新的灵感和新的思维能够在这里萌发。对中国建筑进行讨论与思考对我们来说是个挑战。在审视了我们负责评述的这两个作品之后，我们信心十足地觉得，这两个作品引发的讨论会再次带来新的想法，促进新思想和新发展的交流和互动。这种进行交流的论坛也是一种虚幻的公共空间，将有助于我们就我们这个时代和未来几代人面临的问题寻找可持续发展的答案。

创作与交流

EXPERIENCE & EXCHANGE

改造 · 传统

评十院书屋

评论：（荷）乔斯·范埃腾（Jos van Eldonk）

乔斯·范埃腾，1962年生于荷兰德吕滕，1980年—1988年在埃因霍温理工大学学习建筑，毕业后的两年里在该校担任研究员，1990年开始受雇于舒尔德·索伊特斯（Sjoerd Soeters）的公司。舒尔德·索伊特斯，1947年生于荷兰阿默兰岛，1966年—1975年在荷兰埃因霍温理工大学学习建筑，自1975年开始受雇于阿姆斯特丹VDL建筑事务所（VDL architects），任设计师，直至1979年成立自己的公司。1997年，范埃腾成为该公司合伙人，公司名称正式改为索伊特斯&范埃腾建筑事务所（Soeters Van Eldonk architecten）。索伊特斯&范埃腾建筑事务所起初是一家建筑公司，最近十年开始涉猎城市规划的项目。滨水区、住宅区、办公楼、购物中心及市区和工业开发区的环境重建等，都是他们的重点工作范畴。除了一系列住宅项目外，现在该公司尤其关注剧院、电影院、零售中心和办公楼的设计。公司位于阿姆斯特丹，但承接的项目不只限于荷兰，在丹麦、德国和中国等地都有业务。索伊特斯&范埃腾建筑事务所的建筑设计以多样

在过去的十年中，中国经历的重大发展似乎立足于"国际化建筑"的理念。著名的中央电视台CCTV总部大楼就是邀请荷兰大都会建筑事务所（OMA）设计的。类似的项目还有很多，都反映了上述国际化理念。一些建筑评论家坚信，随着全球化进程的推进和世界不断的发展变化，建筑也应该全球化。建筑师会越来越像国际明星，在全世界推广他们剥去了本土特征和传统的"国际产品"。

幸运的是，并不是每个人都这样看待建筑与城市规划。自20世纪80年代以来，在西方世界中，以区域和本地为导向的建筑师和评论家还很流行。肯尼斯·弗兰普敦（Kenneth Frampton）——一位重要的西方评论家——在他1980年出版的《现代建筑——一部批判的历史》（Modern Architecture: A Critical History）一书中提出了"批判地域主义"（Critical Regionalism）的概念——一种立足于地域文化归属的建筑形式。在他看来，乌松（Jorn Utzon）、西扎（Alvaro Siza）、巴拉甘（Luis Barragán）、斯卡帕（Carlo Scarpa）和博塔（Mario Botta）等建筑师的作品都不是全球化的，而是立足于对当地环境和传统的诠释。

从这种理念出发，我们的世界最终不会是千篇一律的统一。甚至，尤其是在当今这个全球化的世界里，

不会有统一的建筑风格或手法。建筑会是对某个地点独一无二的特征进行突出的手段。

荷兰是一个有着强大的现代传统的国家，现在，主流建筑还深深立足于本土历史和风格。在当今这个不断变动、不确定的、充满活力的世界里，人们喜欢这样的建筑——更加人性化的设计，与他们的日常生活环境紧密相关。

从这一点来看，上海嘉定的十院书屋就显得非常有趣。这个项目不是立足于走国际风格的理念，但同时也不是对本土历史和传统的简单复制。在十院书屋中，设计师对本土的中国传统元素进行了再利用，使其转变成一栋21世纪的现代大楼。设计师将封闭式庭院这种传统的中式建筑模式进行了改造，作为这栋办公楼的整体布局基础。在某种程度上，这个项目向我们展示了在本土文化中重新发现的丰富性和自豪感。

从这个角度上说，这个项目十分独特。它向我们展示了一种几乎已被遗忘的东方建筑理念，也就是将庭院作为建筑布局核心的模式。西方的住宅更倾向于以大众的公共空间为导向，而中式住宅则是以内院为导向。西方住宅是将人们的目光聚集到住宅之外，面向社会，而中式住宅则将目光导向围绕着庭院的各家各户自身。但是，庭院的理念也是立足于客

化的风格为特色，古典风格、象征主义、现代风格等无所不包。对每一栋建筑，他们都寻求因地制宜的策略，兼顾可持续设计理念。

索伊特斯&范埃腾建筑事务所的建筑设计作品包括："马戏团游乐场"（The Circus Arcade）、赞德沃特赌场（Casino in Zandvoort）、海牙赫利孔大厦（Helicon）、丹伯斯Leliënhuyze城堡、该公司自己在阿姆斯特丹的办公楼、阿姆斯特丹"金字塔"公寓楼（Pyramids）、哈尔夫韦赫糖仓（Sugar Silos）、奈梅亨市图书馆、档案馆及电影院"马尔堡城堡"（Mariënburg）、弗里斯兰省省政府办公大楼（位于省会吕伐登）以及赞斯塔德、豪达和文瑞的市政大楼等。城市规划作品包括：阿姆斯特丹爪哇岛规划（Java-Island）、海牙市中心住宅区规划、奈梅亨"马尔堡城堡"购物中心规划、诺特多普购物中心规划、丹伯斯Haverleij住宅区规划、哥本哈根斯路塞浩尔门运河区规划（Sluseholmen）及为赞斯塔德、费嫩尔和阿姆斯特丹北部所做的整体规划。

观现实条件的。在更温暖的气候下，减少外立面和开窗的面积能够保持室内凉爽，这是十分明智的做法。在偶尔降水贫乏的气候下，利用屋顶将雨水导向庭院以便收集，也是明智的做法。因此，对过去的改造可以带来新的机遇，立足于简单的本土传统，创造出新型的可持续建筑。

在十院书屋这个项目中，在传统庭院的基础上，设计师又增加了一个新的层次。对于开车到此的人

来说，室内通行体验比室外更重要。室外没有一个正式的正门入口，人们从下方的停车场直接进入建筑中央。这种布局手法让建筑四周有机会布置更多的植物和水景。

这栋办公楼的结构仿佛一座人性化体量的微型城市。楼内没有突出的交通结构，建筑的各个构成部分以一种非常随意的方式彼此连接。十个不同的院落让建筑内部具有充足的光照和开放式空间。所有的办公室都以不同的方式跟庭院相连。有的庭院宽敞而开放，有的种植一小排竹子，赋予狭窄的户外空间一种神秘感。阳光出其不意地洒入室内，光线来自不同方向，营造出不同的效果。内院分布在不同的平面上，从剖面图中来看更加明显。停车场的上方，整个一层填土造地，让植物能够在更自然的环境中生长。通过这种结构，设计师发明了一种非凡的新型建筑模式——高密度低层建筑。

从材料使用的角度来说，本案也是对传统的改造。灰白色的色彩运用和细节的处理都很抽象。办公楼的白色抹灰墙面借鉴了夸张的现代主义手法，同时也借鉴了中式传统建筑。屋顶和建筑四周的高大围墙具有原生态大自然的感觉，采用灰色石材建成。白色抹灰墙面也以一种简单的方式应用在建筑内部，看起来简单而又美观。室内空间的丰富性体现在光照和空间造型的差异上。

十院书屋是中国建筑师重新发现中国传统建筑之丰富的一个完美范例。我们希望这种理念能够作为城市规划的原则，在更大规模的设计中体现出来。不是简单复制传统建筑，而是将其转变为一种新理念，适合21世纪的理念。像这样的项目重又让我们回到"人"与"地"的原始对话。

十院书屋，上海文化信息产业园一期工程B1地块

项目概况

上海文化信息产业园规划沿着沪嘉高速公路南北向线形展开，北、南两端分别是以产业孵化办公、商业、酒店、会议、展示等为主的产业服务区和以人才公寓为主的产业配套区，而中段主体是以庭院商务别墅组团为主的园林式产业办公区。依托原有横贯园区的几条河道，创造了一条居中串联所有庭院组团的人工水系和一系列小型公共设施，形成了具有江南水乡肌理、尺度和空间特色的创意办公园区。

规划与布局分析

十院书屋所在的地块位于产业办公区的最西北端，三面临水，北、西两侧是弯曲的自然河道，东侧是作为中央水系北部开端的一片湿地池塘，入口只能开在南侧园区道路上。作为先期开发的庭院办公的示范性地块之一，定位为提供给大、中型创意企业的会所型办公空间。我们借鉴了江南传统的"半宅半园"的空间类型，采用一种"一院一境"的连院模式来组织所有的办公空间，形成了秩序与自在并存的空间氛围。建筑整体上呈现为中、东、西三路，每路三到四进的大小不一的十个连院，这些院子分为"宅"（以建筑为主）和"园"（以庭园为主）两种类型，错落布局，疏密有度。"宅"院以小型天井庭院取胜，营造了处处有景的办公空间。而"园"院以较大的庭院和回廊的组合取胜，提供了借入外景的内向公共空间，是办公空间的自然延伸。每个院子都有明确的院墙边界，既便于确立各自不同的空间特色，又应对了无法预测的使用状态所需要的灵活组合可能。

十院由两个可分可合的办公单元组成，东、中两路为较大的一个，西路为较小的一个，各自的入口分别位于东西两路的南端，是两个高墙上凹入的入口庭院，进院后转折而入室内。每一路的前后分进模式结合了可能的办公使用状态的区分，东西两路基本一致，南进都是各自的前区接待、展示、会议、行政部分，北进都是高管的专属办公及接待空间，而中间的一到两进则是主营部门的办公空间。而中路三进提供了十院里最大尺度的办公和庭院空间，是整个十院看似自由的空间格局的秩序依托，南北两进分别是围绕中庭天井的合院空间，中间一进是由具有暧昧对称性的曲折回廊围合的大庭院，并与东路的中进形成侧向对位关系。由于地下配有集中的车库，中路比东西两路的地坪高了半层，这使东西向的院间穿越在相关部分都整合了错层的空间体验。

形态与功能解析

高大的院墙除了东、西、北三面为了引入外部景色，部分采用了木格栅以外，其余都是清水灰砖衬砌。院墙上除了供通行的门洞和阳台的开口之外，其他的少量窗洞口都配有青砖花格，以强调院墙的连续性和空间赋形作用。

而建筑实体部分都是白色涂料墙面，这些实体在一层和院墙有或黏连、或脱离的复杂对应关系，创造了一系列配合采光通风的景窗空间；而在二层实体则通过退让与院墙完全脱开，形成了丰富的小型屋上庭院和平台，提供了不同于一层的更开放的景观感受。

总结

项目借鉴传统院宅的布局关系，建筑形态与不同的庭院、天井类型相呼应，形成了一系列共通中有变化的组合关系。屋顶都采用和回廊铺地一样的金砖铺装的简洁的硬山坡屋面，或单坡或双坡，结合建筑体量的高低错落，呈现出秩序与自由相结合的聚落般的共存状态。

项目信息：

项目地址 中国，上海市马陆镇沪嘉高速公路以东，宝安公路以南

设计师 张斌、周蔚

设计公司 致正建筑工作室

设计团队 宋佳颖、李沁、陆均、廖森林

合作单位 上海天功建筑设计有限公司

建设单位 上海东方文信科技有限公司

施工单位 上海星马建设（集团）有限公司

设计时间 2008年～2009年

竣工时间 2012年

用地面积 2335 平方米

建筑面积 7021平方米

基地面积 8349平方米

建筑层数 地上一～三层，地下一层

工程造价 约3000万元人民币

结构形式 钢筋混凝土异型柱框架结构

主要用材 衬砌清水青砖墙、金砖、涂料、青石、炭化防腐木、平板玻璃、烤漆铝板及铝型材

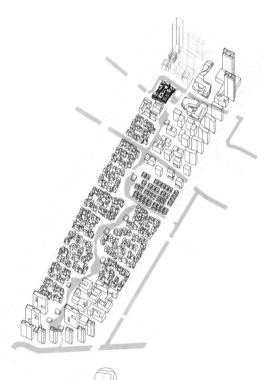

总体轴测图

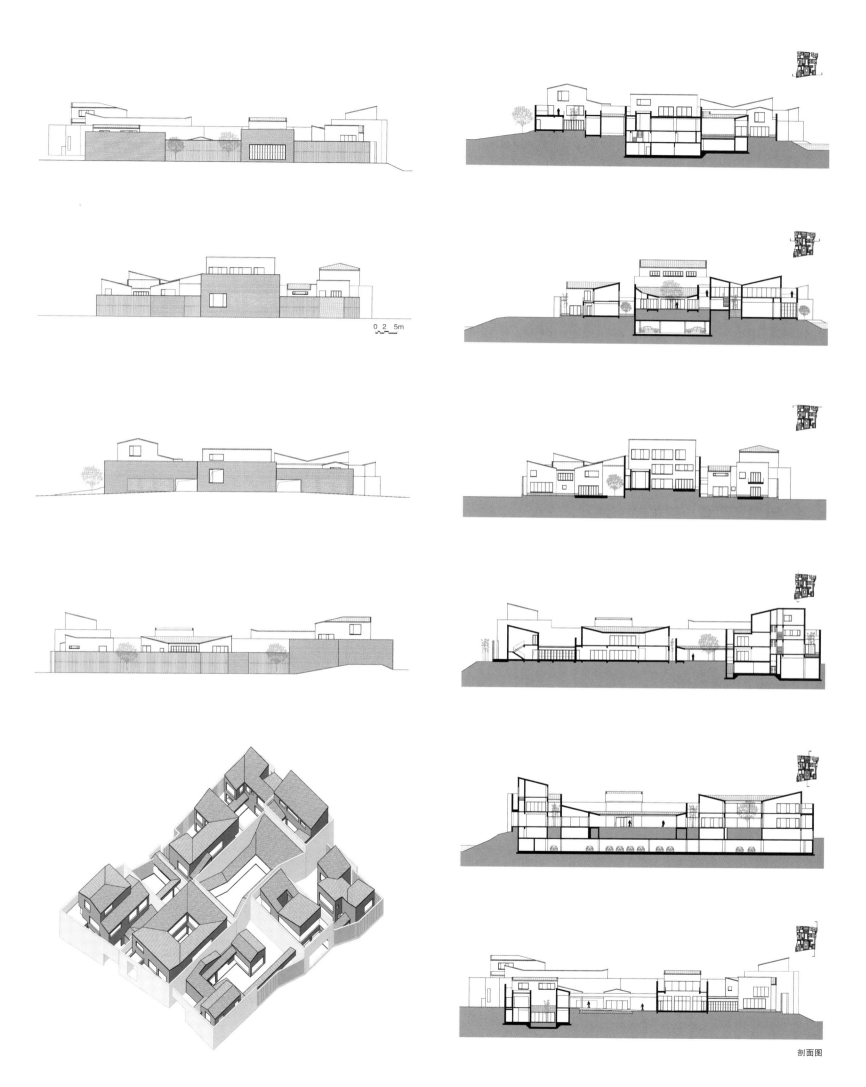

剖面图

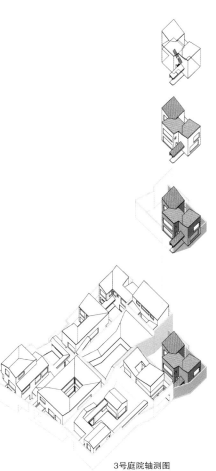

3号庭院轴测图

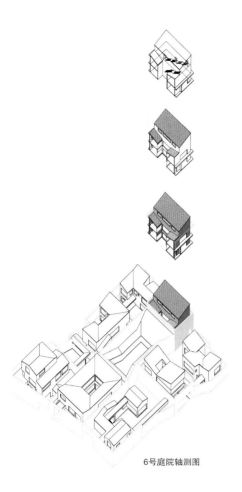

6号庭院轴测图

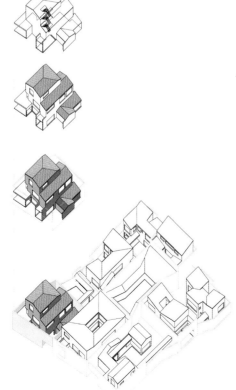

7号庭院轴测图

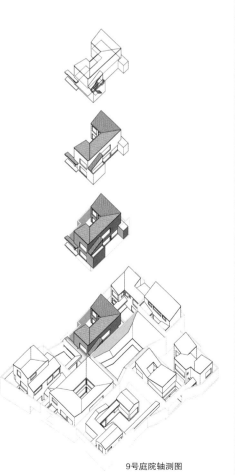

9号庭院轴测图

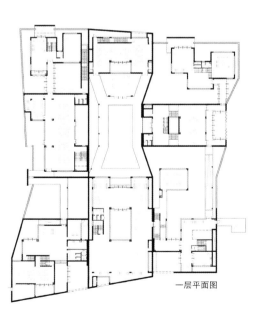

一层平面图

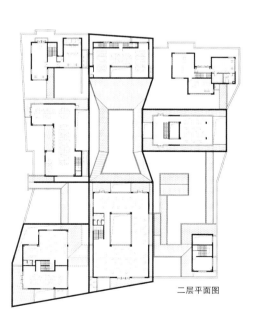

二层平面图

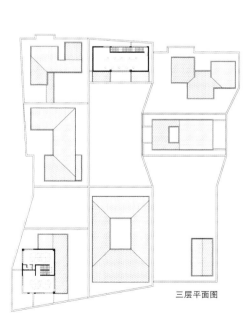

三层平面图

传统与现代的碰撞——
中国电影元素与建筑语言的重合边界

评上海文化信息产业园B4/B5地块

评论：（西）塞尔吉奥·巴让甘尼（Sergio Baragaño）

> "我们无法触及过去，我们只能记住模糊的回忆……"
> ——王家卫《花样年华》

塞尔吉奥·巴让甘尼，1975年生于西班牙奥维耶多，是巴让甘尼建筑事务所（baragaño）创始人兼董事。巴让甘尼建筑事务所跨越了两个海岸、一片大陆——地中海、比斯开湾和马德里，如今该建筑事务所就位于可以遥望海湾的马德里内陆上。

·毕业于巴塞罗那建筑大学
·2005年担任"马德里未来项目"——马德里索菲亚王后国家艺术中心（Reina Sofía Museum）策划人
·2007年担任巴塞罗那国际建筑展日本馆策划人
·2008年组织策划了巴伦西亚大学妹岛和世界年会议
·受安塞乐米塔尔公司（ArcelorMittal）和工业部

重新诠释过去时总有一种浪漫的视角，同时也有一种展望未来的渴望。中国可以说是这样一个国家：立足传统，同时渴望前卫，农村地区和新兴城市之间呈现出巨大的差异。

知道如何在这两者之间游走是一项挑战，同时，可能也是揭开中国建筑在不远的将来取得成功的奥秘所在。从别的国家所犯的错误中学习经验，这可能是一种方法——中国确实一直在向西方看齐，在城市的规划和开发中甚至"进口"大型的建筑工作室。

然而，中国还有这样一群不为人知的建筑师，他们喜欢像最近的普利兹克建筑奖得主王澍（及其夫人陆文宇）那样的设计手法，倡导平衡的、理性的发展方式。

中国当代电影做出了超出电影之外的贡献——介于传统与现代之间的电影语言是一大功臣，此外，中国电影还知道如何利用最新科技来讲述诠释过去的故事，营造虚幻的意境，传统与现代相交汇。

也许东方电影（并不仅限于中国电影）这面成功的镜子可以照出中国对外开放的道路，通过参考、借鉴电影，发展出中国自己的建筑业，正如其他东方国家所做的那样，电影也好，文学也好，建筑也好……

张艺谋、王家卫、郝杰等一批导演可能是中国当代电影最杰出的代表。在当代中国建筑界，与之相类似，则有普利兹克奖得主王澍。建筑和电影的距离并不遥远：电影有剧本，建筑有任务书；二者都是"项目"，是场表演，是个舞台，有观众，有展出，有批评……

委派，设计了"生态科技城"（Eco-Tecno-Logical City）

·受聘于巴利阿里群岛和圣塞巴斯蒂安大学，任校外教师一职

·阿维莱斯港码头项目（Docks in Aviles Port）在西班牙建筑双年会上展出

·获得Ateg二等奖

·获得毕尔巴鄂码头建设国际竞赛（Bilbao Ship Cruising Terminal）一等奖

·入选"建筑日记"网站（ArchDaily）年度优秀建筑奖

·受邀参加台湾国际工业遗产保护协会世界会议（TICCIH World Congress）

·获得KNX建筑节能一等奖

·获得COAA二等奖

·入选"米兰三年"艺术馆（Triennale di Milano）的展览

昨宵庭外悲歌发，
知是花魂与鸟魂？
花魂鸟魂总难留，
鸟自无言花自羞。

——曹雪芹《红楼梦》

庭院、露台、回廊，室内与室外……通过现代的建筑语言与材料，中式建筑的经典元素得到新的诠释。隐蔽空间——你可以观察，而别人却看不到你……过渡空间、室内、室外、室内外之间……在王家卫的电影中得到完美诠释的元素——变换的空间、场景的转换、门厅、灯光、阴影……也可以运用到建筑中。

传统的中式建筑，空间布局讲究平衡、对称，侧重平面以及木材和砖石这类材料，常带有封闭式庭院和园林。我们可以在尊重传统中式建筑的基础上将其稍加改变成一种现代的建筑语言。通过灵活的空间和中等密度的建筑，重新诠释中式垂直住宅的造型——类似荷兰建筑师雷姆·库哈斯（Rem Koolhaas）的设计手法。简洁的线条、流畅的空间……呈现出西方建筑风格的简约感，同时保留传统的元素和氛围。

钢材——汽车业和航空航天业的常见材料——似乎成为一种新的先锋材料，由工厂批量生产，方便施工。在上海文化信息产业园的设计中，阳台（架高的庭院）就采用了这种材料。轻型钢与传统的笨重的建材形成鲜明对比，为未来的建筑结构带来一种新的模式，同时，与"模块化"的白色立方体建筑形成一种"对话"。这是一种可以100%循环利用的材料（在钢材的生产中，80%来自回收利用）。

开孔率约60%的方孔钢板构成阳台（空中庭院）的钢结构，阳台面积约为45米，出挑5米，营造出传统中式园林的意境，同时也有点阿拉伯花园的静谧氛围，就像西班牙格拉纳达的阿尔罕布拉宫（Alhambra）的花园一样。

这个项目获得了2012年中国建筑奖。近2.5万平方米的建筑面积（办公+居住面积，包括家庭办公）相当于一座微型城市，有公共空间、庭院、广场、街道、绿化带……这里有着完整的"城市生态系统"，汇聚了过去和未来的特点。立足于过去的未来，具有一种介于过去和未来之间的永恒的二元性……

上海文化信息产业园B4/B5地块

项目概况

上海文化信息产业园（简称文信园）是国内首个意欲同时集聚文化、信息、创意产业的大型高新技术开发区，占地600亩，总建筑面积近500万平方米。B4/B5地块是其中2个标准地块，基地面积合1.83万平方米，建筑面积2.49万平方米（地上约1.12万，地下约1.37万），3~4层，要求为中小型文化及信息类企业提供一定量的独立式办公单元，每户面积在600~800平方米之间。文信园地处上海郊区（嘉定马陆镇），前期策划定位为"新江南园林意境"。一期启动4个地块，3家设计单位提供的方案都包含"庭院"这一传统江南园林中典型的空间要素，处理方式却不尽相同。

设计概念分析

"悬挂的庭院"是B4/B5地块的核心设计概念，建造时推敲最多，建成后最出彩，对室内外空间、光影和意境的营造起决定作用。建筑师对使用者的定位是从事信息科技和文化创意行业的年轻白领，需要户外活动和公共交流。设计将原应落地的庭院升至二、三、四层，一方面

扩大了基地范围内的开放空间，另一方面，仅靠调整"挑院"位置，就将标准化的矩形办公单元转变为一户一型的内部空间，通过单元组合又形成丰富的外部空间。一系列高高低低、不同面向的轻盈挑院，跟底层宽宽窄窄、明暗不一的景观庭院共同构成立体的公共交流系统和有趣的室内外空间体验。

大部分规格统一为宽8.8米，出挑5米，高3.6米的空中庭院采用钢结构悬挂方式固定在外墙上，一是避免粗笨的混凝土梁板造成空间压抑，二是保证足够大的出挑距离，加上足够高的围护界面，内部使用时具有较为私密的庭院感，外部则形成足够的体量感和空间分隔效果。

挑院的地面采用防腐木地板开缝锚固在钢梁上，阳光可以穿透缝隙。包覆材料经过长时间的协商比较才选定。最初方案采用双层金属扩张网板，后来曾考虑过木条、藤编等各种可能，最终决定使用较耐久、性价比较高的方孔钢板，包覆挑院的三个外立面和底面。为了强调金属板的质感，与光滑的实墙面形成对比，板面开孔参考了

江南园林建筑中木格窗的比例，5厘米见方的孔，间隔宽3厘米，以便在50米开外也能感知到穿孔效果，同时在挑院内及外墙上投出明确的阴影。

在这里，庭院脱离了地面飘浮到空中，镂空花墙失去了厚度黏附着钢结构，浓重的砖木材料被替换成轻薄且带光泽的钢板网，所有的空间要素、界面形态和材料质感似曾相识却又面貌新颖，整体是一派简约的现代办公场所意象。然而，在首层形态不一、忽明忽暗的庭院间漫步穿行时，开孔率约60%的方孔钢板好似一层薄纱，若有若无地限定并分割着天空和建筑，外墙上洒落串串光格和斑驳树影；坐在办公室或空中庭院时，四面围合产生的内省感，透过方孔隐约可见的树姿，这些却又饱含江南园林特有的恬静气息。

外平的窗

为进一步增强建筑的轻盈效果，避免12.25~15.85米高、紧密排布的建筑体量造成的空间压抑感，实体部分的玻璃门窗希望外平安装，以消除窗洞阴影，保持墙面的完整性，将

厚重的墙体转变为薄薄的空间界面。但原本立于墙中的普通铝合金门窗不改变型材、不增加附件也不经特殊加工就外平安装难度很大。一是外墙有6厘米厚保温构造，与外墙面平就等于与保温面层相平，直接立樘在保温板上难以达到强度要求；二是门窗有水密性和气密性要求，而密封硅胶只有打在砖石、混凝土上才能结合紧密，有效防水。

建筑师与现场施工反复讨论的结果是在原来的窗洞位置浇筑一圈混凝土垛头，宽100毫米，出挑60毫米，门窗立樘于内壁外缘，外圈作为外保温材料边界，最后统一粉平。通过这样一个简单的土建构造，终于实现了将普通型材的门窗外平安装，又保证不渗漏的效果。

建筑色彩解说

如果说前两个设计策略属于建筑师的投入和坚持，那么选择灰色调则源于放松和妥协。虽然三种灰度的墙面效果雅俗共赏，也符合整个项目"新江南园林"风格的定位。而事实上，建筑师曾有更为大胆的设想，希望用高彩度的渐变色来粉刷墙面，部分单元西立面种植垂直绿化以减少西晒、增加绿意和墙面质感。这个想法付诸实施当然可能惊艳，但风险也很明显，

在方案审查、深化设计、材料选择、造价控制和最终接受等诸多环节都可能遭遇不测，至少需要为此投入成倍的精力。而采用灰色调呢，尽管保守，却也保险。

总结

借用主持建筑师庄慎的话来说："文信园B4/B5地块是个好吃不贵的设计。"所谓好吃，当然是指建成后的空间、形态、尺度、光影、意境效果都不错，空间和材料的运用也颇具新意。所谓不贵，则是指并未造成设计、施工和造价等方面的负担，而这主要归功于设计策略的恰当选择和有效贯彻。

今天中国的建筑实践，除却个别代表国家形象的重大工程，"不贵"——包括人力、物力、财力的节省是必要条件，所谓"权宜建筑"、"低技策略"、"处理现实"等主张事实上也源于对这一背景的深刻理解。而像文信园这样的商业项目，提高效率和效益更是至关重要。B4/B5地块的核心概念"悬挂的庭院"就是基于这一状况提出的讨巧的设计策略：建成后感觉丰富，事实上只包含两个标准要素：办公单元和悬挂庭院，方方正正，画图容易，施工简便。在设计方面，基本实现了概念设计与施工图绘制、现场配合人员分离但

不影响完成度的目标。在施工方面，因为工艺、材料都是常见的，整个工程土建造价仅2000元/平方米（还包括满铺基地的地下室），施工周期一年。不过，由于这些限制，该作品也不够完善精致。比如设计迁就形式未顾及外门的防雨效果；外平的窗周圈保温板有点凹凸不平；悬挂院子的钢结构防锈处理不到位，等等。最后，"不贵"还需要建筑师少些执着，多些妥协。比如该项目的墙面和景观做法。

如果说"不贵"来自现实的制约，那么"好吃"则是对理想的诉求。除了整体效果不错外，该项目另一个可贵之处是在空间、材料、工艺各方面的创新。虽然概念简单，但建造环节对关键部位控制到位。比如：包覆庭院的金属板材质、开孔的比率和尺度、外平窗的构造，外墙涂料的颜色，乃至女儿墙金属压顶的处理（内衬镀锌钢板以保证铝扣板的平整度，铝板外表与各种灰度的墙面喷同种颜色）等。正是这些细部的落实使这个很低造价的建筑产品呈现了较高的品质。然而，"好吃不贵"的设计从来不应是终极目标。不久以后，年轻的创意或IT人才就可能在这朴素而有韵味的日常空间中穿行漫步、相互观望，在变化的光影中感受时间的流逝、四季的更替。那一幕，才最值得期待。

文信园总体鸟瞰图

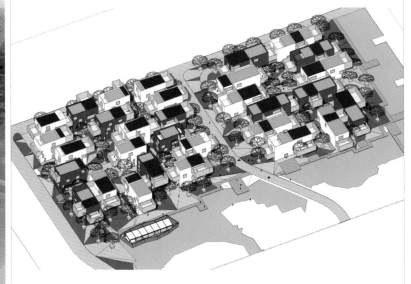

B4B5地块鸟瞰图

项目信息：

项目地址 中国，上海

设计师/设计公司 庄慎、任皓/大舍建筑设计事务所+阿科米星建筑设计事务所

竣工时间 2010年

建筑面积 18286 平方米

建筑面积 24897.04平方米（含地下9840.46平方米）

摄影师 张嗣烨，庄慎

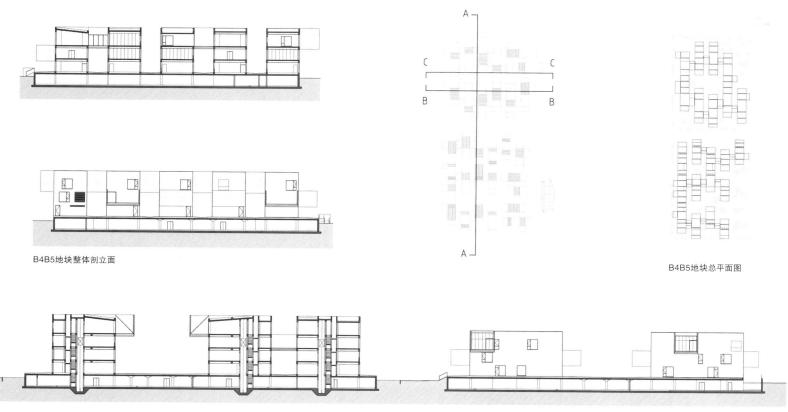

B4B5地块整体剖立面

B4B5地块总平面图

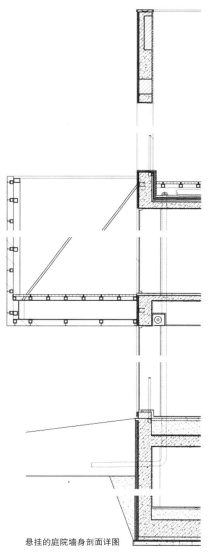

悬挂的庭院墙身剖面详图

一层为进站集散厅、售票厅、普通候车厅、软席候车厅、母婴候车厅、贵宾候车、部分客运办公用房及设备用房。两层通高的高大进站集散厅和售票厅，开敞明亮、视线通透，使旅客在心理上克服焦虑感。集散厅内布置有问询、小件寄存、公共电话、ATM、自动售票机、商业、自助存包等多种服务功能。与集散厅紧邻的售票大厅之间只有必要的安检设施，如此一体化的空间设计，可以极大方便即来即走的旅客。公共卫生间、饮水处、吸烟室、管理用房等布置在候车大厅两侧。贵宾候车室设在候车大厅北边靠近站台一侧，有独立出入口，从站房北侧的内部道路进入。

二层为普通候车厅、软席候车厅、部分办公用房以及进站通道，乘客通过跨线天桥到达中间站台。二层南端为通信、信号用房和站场办公；北端为公安派出所。空调机房利用二层的夹层布置。

2. 旅客流线
（1）进站旅客流线

旅客通过安检后进入集散厅，穿过集散厅进入候车大厅；未购票的旅客先进入售票厅购票，再进入集散厅。旅客在候车厅候车后，检票，经天桥到达中间站台。

（2）出站旅客流线
到达的旅客经出站地道到达出站大厅出站。

（3）贵宾旅客流线
贵宾车辆经站房北侧的专用道路到达贵宾候车室，候车后通过基本站台进入。

总结

本设计主体正立面朴素大方，建筑体量饱满，强调水平向形体组合和材质划分，大面积采用了暗红色陶土板，厚重温暖，具亲和力。砖和金属板的运用增加了建筑的体量感，更加增添了现代工业化感受。建筑整体厚重、舒展、大方的姿态独具特色，充分呼应了德阳的历史文化与工业城市的意象。

项目信息：

项目地址 中国，四川省，德阳市
设计公司 上海联创建筑设计有限公司
设计团队 唐威、王玉、汪鲁文、史瑞强、潘华阳、舒华、孟世强、贾建坡、徐小玉、杨毅昕、潘晓光、赵巨刚
建设单位 成都铁路局客站建设指挥部
施工单位 中铁八局集团有限公司
竣工时间 2011年3月
业主 成都客站指挥部
用地面积 14054平方米
建筑面积 9995平方米
建筑高度 22.9米
容积率 0.66
绿地面积 4218.3平方米
摄影师 杜卓莲
获奖信息 2011年度四川省建设工程天府杯奖（省优质工程）银奖

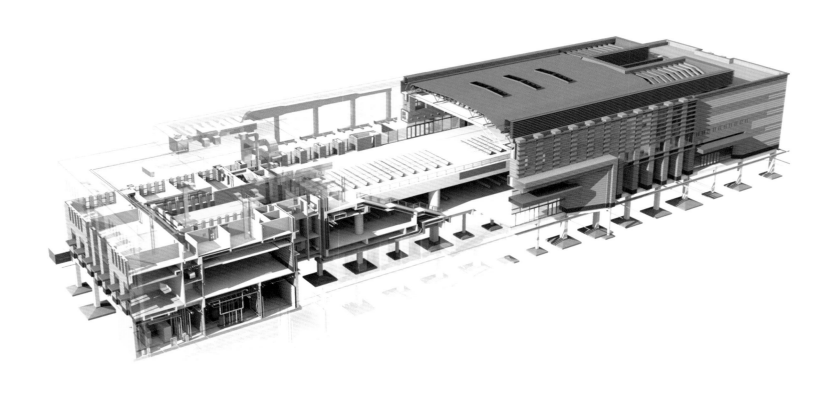

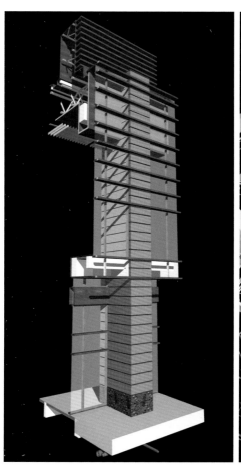

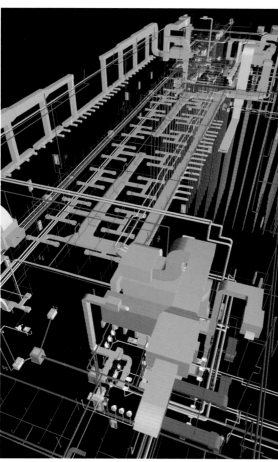

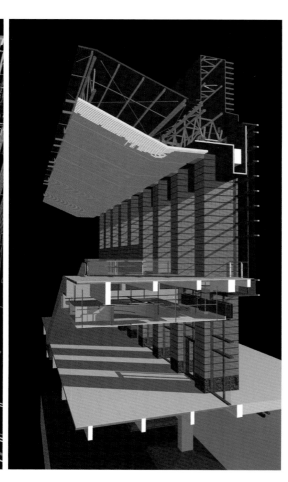

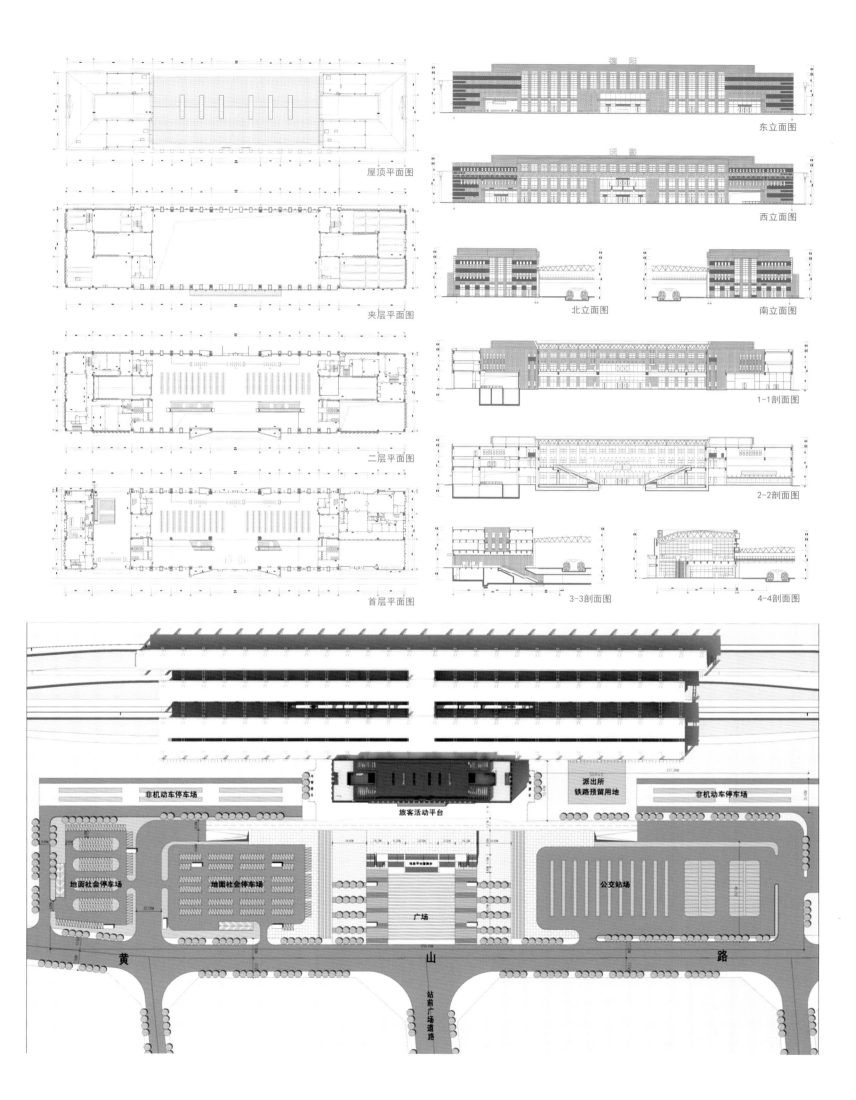

屋顶平面图

夹层平面图

二层平面图

首层平面图

东立面图

西立面图

北立面图　　南立面图

1-1剖面图

2-2剖面图

3-3剖面图　　4-4剖面图

非机动车停车场　　　　　　　　　　铁路预留用地　　　　　　非机动车停车场

派出所

旅客活动平台

地面社会停车场　　地面社会停车场　　　　　　　　　　　　　公交站场

广场

黄　　　　　　　　　山　　　　　　　　　路

站前广场道路

中国建筑应如何面对城市的发展与变化

评新三亚站

评论：（英）迈克尔·哈斯特（Michael Haste）

迈克尔·哈斯特（荣誉学士、建筑法规硕士、英国皇家建筑师协会会员、帕斯卡尔+沃森建筑事务所总监）

迈克尔·哈斯特是帕斯卡尔+沃森建筑事务所建筑轨道设计部项目总监，也是事务所董事会的成员。在20余年的从业经验中，他曾经负责了大量位于英国国内及其他国家的主要交通项目。

多年以来，迈克尔·哈斯特积累了大量有关轨道交通设计与技术的经验，对团队管理、项目规划、资料提供、卫生安全、设计执行和设计管理都有着独到的见解。此外，作为一位极具天赋的设计师，迈克尔·哈斯特领衔设计了圣潘克拉斯火车站、伦敦桥、国王十字区以及布力费亚斯火车站等项目。他所负责的项目范围极广，既包括地上车站、地下车站、轻轨站，也包括全面的场地开发。迈克尔·哈斯特还曾受委托担任许多国际轨道项目的客座评论顾问。

海南省是中国的最南端省份，位于中国南海，距离香港500千米，越南200千米。海南岛是中国第二大岛。海南省全省陆地总面积3.5万平方千米，海域面积约200万平方千米，其中海南本岛面积3.39万平方千米。海南省设有3个地级市、8个市辖区、6个县级市、4个县和6个自治县。海口位于海南岛北海岸，是海南省的省会；三亚位于海南岛南端，是著名的旅游景点。海南省人口总数887万，其中有约70万人口居住在三亚。

如今，海南岛的西环铁路和东环铁路形成环岛高铁，并且与中国内陆的铁路线连接起来。位于海南岛南端的三亚以热带气候和旅游胜地而著称。三亚是中国第二靠南的地级市，与夏威夷岛在赤道上的位置相同。三亚三面环山，一面环海，属热带海洋性季风气候区，全年气温居高不下，素有"天然温室"之称。三亚受季风影响强烈，干湿两季分明。

三亚市新火车站取代了建于20世纪50年代的旧火车站，位于三亚市的北郊，距离市中心5千米，处在东西环岛铁路的交汇处。作为西高铁环线的一部分，从三亚火车站到三亚凤凰机场火车站的铁路线将于2014年完工。随着环岛铁路的封闭，从三亚火车站可乘坐火车，途径海口，直达北京、上海和广州。

新火车站大楼位于三亚河东岸，凤凰路北段，由育新路进入停车场，未来火车站东面还会新增开发项目。乘客出站区、行李提取处、出租车乘降站、公交车站都直接设在车站站前，毗邻停车场，配有正规的软硬景观设计。在英国，这样的火车站设计很难维持；希望在未来，三亚火车站能保持现在的宏伟景象。火车站外的步行环境显得宽敞而比例得当，能够为旅客提供充分的放松空间——许多位于市中心的火车站都过于繁忙，无暇兼顾旅客在经历漫长而无趣的旅途后所产生的休闲需求。

我对火车站大楼的第一印象是宏大的中国传统美学的体现。屋顶曲线的设计体现了建筑设计的构造方法。大面积的玻璃幕墙和木制挡板让建筑外观极具中国特色，为旅客提供了丰富的自然采光和遮阳空间，同时也保证了火车站在热带气候中的"透气性"。火车站的外观看起来更像是庙宇或者宫殿，设计师称这参考了热带气候的特征，但是我认为体现的并不明显。火车站的入口设在正中，而次级出口和售票处入口则分列两侧。走进中央空间，25米的双高进站大厅两侧布置着座椅，上层空间同样是座椅候车区。近一半的建筑占地基本都给予了候车区，因为候车的旅客数量将十分庞大。

火车站内部的感觉和审美彰显了简洁、现代的细节，配有良好的照明和服务。顶棚的自然采光和通风让室内空间格外舒适。各处都十分简洁，完全没有过分的装饰。高大的幕墙清晰地展现了外部的景色，但是从旅客的高度并不能看清室外的风景。建筑混合了丰富的材料，包括石材、木材、钢铁、玻璃等，不仅体验了中国传统建筑的风格，还融入了热带风情，这在同等规模的建筑中式不多见的。建筑体现了极高的品质，并且这一品质将能维持很长一段时间。当然，针对火车站内自由开放的空间，引导标识的设计和旅客信息的提供是一大问题，成功的建筑应当将其综合考虑。在三亚火车站里，如此层次分明的建筑让环境导示不再是问题，旅客的路线十分清晰。但是在如此宏大的空间内，旅客信息就显得尤为重要。就我所看到的图片而言，三亚火车站的旅客信息十分简洁，基本没有任何宣传广告。在这样一个以"旅游"为主题的火车站，旅客可能对当地知之甚少，因此可能需要更多的视觉信息。我认为可以在建筑内部多提供一些独立信息板，向旅客宣传一些当地信息。当然，这种方式可能会有损建筑的简洁感。

火车站大楼的对称感延续到了站台雨棚的设计中。站台的长度覆盖了18节火车车厢，可由进站大厅上层的人行天桥进入。

三亚及其他中国城市中，现代建筑大量地使用了新颖的几何造型和材料，形成了各种有趣的新式建筑类型。与它们相比，三亚火车站似乎是一种倒退。在

我看来，三亚火车站的设计和建造都经过了精心设计，只不过是没有采用当前常见的能吸引眼球的现代建筑模式。建筑师在设计中以旅客为出发点，旨在为旅客提供舒适的候车环境。因此，传统的民居式设计比建筑趣味性更加重要。很少有旅客会出于兴趣在建筑内漫步。但是，我认为这种设计中规中矩，墨守成规，放弃了创造新建筑的机会。

这是一座十分称职的建筑，但是它对建筑和三亚的未来发展没有帮助。作为一座现代旅游大都市，三亚需要一些其他的建筑来肩负这一重任。

项目概况

三亚除了是中国最富盛名的滨海旅游胜地，也是中国最南端的对外贸易口岸。对稀缺的自然生态环境的尊重以及对热带气候条件的适应，成为三亚火车站的设计起点。与很多以工业为主导的大城市中的火车站不同，三亚火车站的主要人流是观光度假的游客，因此需要营造一种轻松、舒适、开放、悠闲的氛围。

设计理念

三亚火车站融合了传统与现代，以及人性化的设计理念。除了营造了一个复杂的功能体之外，更给来往旅客带来了丰富的空间体验。

形态与功能分析

项目设计了大面积遮阳避雨的屋顶，以及有自然空气流动的站房空间，正是塑造火车站轻松氛围的点睛之笔。

建筑师将"波浪"这一形象引入到设计中来。对于这种具象化的设计，如果仅仅是对某种标志的简单复刻，设计则会失去意义；若是脱离地域的特点，建筑则会显得突兀。而本案高明之处便是将建筑外形的具象标识与功能要求和技术水平相结合，使得每一处设计都有理有据。其中，屋顶的悬挑长度和轮廓线是根据太阳角度来确定的；屋顶曲线的设计，是由于三亚降水量丰沛所决定的，其形成的波峰波谷在呼应了三亚临海这一自然特征以外，更成了雨水的自然流向收集器，使得中水得以重复利用。

总结

当代铁路客站的设计早就摆脱了千篇一律的刻板，更多考虑的是与地域特色、传统文脉的对接，以及各种价值提升的可能性。

项目信息：

项目地址 中国，海南省，三亚市
设计公司 CCDI
竣工时间 2011年
业主 武汉万达东湖置业有限公司
用地面积 16400平方米
总建筑面积 33800平方米
站台面积 27800平方米
建筑高度 22米
站台雨棚面积 47680平方米
站台制式 4台8线
下部结构 框架结构（局部为预应力混凝土空腹桁架）
屋盖结构 钢框架主次梁结构+轻钢屋面

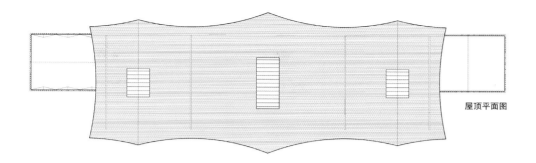

屋顶平面图

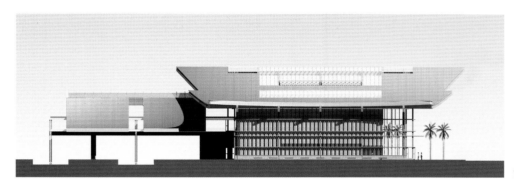

西立面图

南立面图

1. 立缝金属板
胶合塑板
防水层
金属面板
钢桁架
2. 铝合金屋顶通风百叶
3. 预制铝合金板材包边
4. 镀锌钢板
5. 嵌套式木吊顶
胶合塑板
钢管
6. 立式镀锌木百叶，150mm×300mm
7. 铝合金幕墙系统
8. 镀锌钢管
9. 铝合金框架
10. 镀锌钢板
亚型槽
钢管
11. 玻璃百叶窗
12. 实木框清玻璃门
13. 20~50厚仿瓷石材铺地
砂浆黏结层
混凝土垫层
14. 电动通风天窗
15. 木条板吊顶，50%开向上部天窗

项目概况

深圳证券交易所（深交所）的新总部建在深圳的中央商务区，位于南北两侧是莲花山和滨河大道，东西方向是深圳市的主干道——深南大道。建筑由荷兰建筑事务所OMA负责设计，可以媲美央视总部大楼。

OMA亚洲驻香港办事处和OMA深圳现场办事处与业主和承包商共同合作，对施工流程实现全天候监管。OMA参与各个设计流程和施工流程的建筑师团队人数多达75人。

深交所项目的开发由OMA建筑事务所与深圳建筑设计研究院合作完成，项目的咨询顾问包括DHV集团、Inside Outside咨询公司、2x4公司、L&B公司和奥雅纳工程顾问公司。OMA于2006年获得了深交所建筑竞赛的优胜，整个工程于2008年10月正式开工。

创新的建筑类型

与传统的"塔楼压裙楼"的建筑形式不同，深交所大楼的三层高底座悬浮在距离地面36米的空中，既为下方提供了宽敞的公共空间，又在顶部提供了葱郁的屋顶花园。抬升的裙楼内设有上市大厅和深交所的办公室，以上升的姿态向整座城市"广播"着证券市场的活动。

方形的塔楼与周边的建筑相互交融，而独特的外立面又使其分化出来——半透明的压花

玻璃将整个塔楼和裙楼包裹起来，赋予了建筑立面神秘的色彩，同时又展现了内部的建筑结构。立面随着天气状况不断变化，成了周边环境的反射镜。

评价

深交所项目由OMA建筑事务所的合伙人雷姆·库哈斯和大卫·希艾莱特以及协理建筑师迈克尔·科科拉（Michael Kokora），与合伙人艾伦·范卢恩和重松昌平共同协作。

雷姆·库哈斯："深交所体现了珠三角在过去三十年的巨变。从建筑角度来讲，我们对深交所总部大楼的建成感到十分高兴。但是，我认为它真正的意义体现在经济、政治和社会的角度上。我们为自己能参与到深圳21世纪新景观的设计中感到十分荣幸。"

大卫·希艾莱特："很高兴能看到OMA建筑事务所的研究设计在深圳得到了实现。在深圳的项目经验让我们进一步了解了这座城市的未来。深交所的设计概念简单而有力——它通过提升裙楼这一简单的措施开创了新的建筑类型。"

迈克尔·科科拉（Michael Kokora）："对我们的团队来说，看见深交所大楼开始从各个角度融入城市让我们备感兴奋。我们希望深圳未来的建筑能够与深交所大楼形成良好的互动，并且不断涌现出全新的建筑形式和城市生活方式。"

项目信息：

项目地址 中国，深圳

设计公司 OMA建筑事务所

主管合伙人 雷姆·库哈斯、大卫·希艾莱特、艾伦·范卢恩、重松昌平

主管协理 迈克尔·科科拉（Michael Kokora）

竣工时间 2013年

业主 深圳证券交易所

用地面积 39000平方米

总面积 265000平方米

（地上180000平方米；地下85000平方米）

摄影师 菲力浦·鲁奥特（Philippe Ruault）

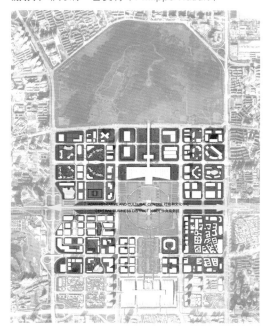

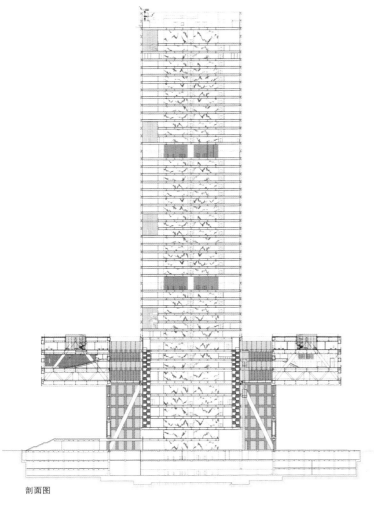

剖面图

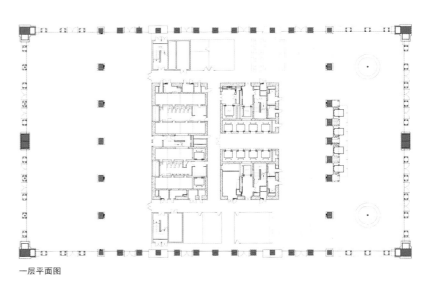

一层平面图

韩国JOHO建筑事务所（JOHO Architecture）位于首尔市，成立于2009年，创始人为李勋。

李勋曾凭借其代表作"赫尔玛停车楼"（Herma Parking Building）获得由韩国文化体育观光部颁发的"2010年韩国青年建筑师奖"。JOHO建筑事务所在《建筑实录》杂志"2013年设计先锋"中获评"世界十大新兴建筑公司"。李勋最近的设计作品"曲线住宅"（Curving House）已在多种世界期刊中发表。此外，"南海郡乡野住宅"（Namhae Cheoma House）也是李勋的代表作。

目前，JOHO建筑事务所正着手设计多个项目，是韩国曝光率最高的新兴建筑公司之一。JOHO建筑事务所尝试用多种形式和组件重新诠释韩式传统空间，所用材料都是最常见的、经济实惠的原材料。李勋尤其注重建筑形态及立面与周围环境的融合，在此基础上探索新型韩式建筑的特色。

3D空间新景观

评中粮亚龙湾行政中心

评论：李勋 （Jeong Hoon LEE）

建筑是将秩序形象化的另一种方式。这种秩序将我们观察世界的视野形象化——这就是委托客户想要的。同时，这也是赋予大自然一种新的秩序。建筑师阅读地形地貌和土地的流变。他（或她）看穿了气候的意义，赋予空间以功能性。而且，作为一种工业设计过程，建筑有其所在的土地，而其他的设计似乎没有。土地注定逃脱不了自然环境赋予它的原始条件。这就赋予建筑一种特殊性，关键在于如何去理解气候以及设计师赋予建筑的功能性，如何从经济、社会和技术的角度去将这些特点形象化。历史上，建筑既与自然条件抗争，也会去适应自然条件。动机不同，造成建筑的形态各异，再加上不同的文化传统，都通过建筑设计的过程重新诠释出来。

乍一看，中粮亚龙湾行政中心这个项目也表现出设计师这样的意图——解决该地自然条件造成的问题。建筑的整体造型不是建筑师的任意发挥。相反，对开放式空间的需求以及在此基础上如何进一步进行空间布局，这才是设计结果的真正原因。也就是说，建筑整体的蜿蜒布局，其巧妙的分割与结合，都是根据功能上的要求。必须在普通办公空间所要求的高效率的空间布局和办公室所需的那种舒适度之间形成一种平衡，才能实现建筑空间的合理分割与布置。

在这个项目中，建筑师以建筑结构的理性原则为基础，采用了若干建筑手法，比如利用底层架空柱来连接空间，或者用一个开放式空间来分割空间。尤其值得注意的是，主体功能区朝向不同的空间，彼此相连，每个功能区都能跟其他功能区进行互动，不论是空间上的互动还是视觉上的互动。

底层架空柱结构形成的户外空间暴露在整个室外的清新环境中，能够更好地应对热带气候的自然条件。换句话说，建筑师没有去填补建筑空间，而是

将其部分开放。空间的三维开放感不仅保证了空气的顺畅流通，而且形成一种"视觉中空"，让空间布局不会那么乏味。办公空间很容易流于单调乏味。然而，通过这种明智的开放式"中空"空间布局，形成了这种有着丰富的户外空间体验的独特空间。再加上亚龙湾独特的自然地貌，这样的建筑模式可谓锦上添花。也就是说，亚龙湾的美丽风景被建筑师以一种抽象的方式在办公空间内诠释出来。

同时，在分割开来的建筑体块间穿行而过的水流赋予整体景观一种静谧的氛围，否则，办公空间的那种严格的建筑秩序感恐怕会产生一种较僵硬的环境氛围。水面上倒映出建筑物和其他的景观元素——倒影与实际的景观一起营造出更加丰富的景致，整个环境充满生机，否则，如果没有水的话，可能会很乏味。这象征了建筑用某些更加自然的东西取代抽象的几何构造的过程，将人工构造反过来又投射到大自然中。主体建筑呈现出玻璃外表面，其余部分则采用斜线条纹，动感十足。这个项目值得注意的一大特色是利用不同形式的建筑表皮象征性地表现出热带气候的自然条件。

从功能的角度来看，这让办公空间不会那么炎热难耐，因为建筑表皮能够利用精心设置的遮阳板过滤强烈的光照，这种遮阳板似乎是用热带水果的表皮制作而成。这一手法实现了建筑元素功能上的最大化，将该地特有的气候条件形象化。外立面在形式上的变化看起来非常自然，就像是风从这里刮过之后自然形成的一样。外立面形式的这种多变以一种抽象的方式显示了空间的意义。

这个项目意味着建筑不是"形式加功能"的简单二合一，而是融入景观与自然环境的一系列艺术。在这里，建筑成为一首诗，一种启示，证明它自身是大自然的一部分。

项目概况

由于用地南面是规划的酒店度假用地,而亚龙大道又是进入亚龙湾的主要交通。用地周边又都是封闭的政府设施。接通将来的酒店用地和亚龙大道之间的公共捷径显得异常重要。

设计理念与构思

1. 从建筑的城市角色和社会性出发,引导开发商自愿还地于民,以开放的心态接纳"人民的入侵",通过分析周边城市环境,判断以何种公共空间的模式反馈给城市生活。

2. 从开发商的利益角度出发,打造一个既能满足开发商功能使用需求,又能提升其品牌竞争价值和展现其企业文化的总部办公基地。

3. 从特殊的热带气候为出发点,创造真正适合热带气候的现代办公环境。让所谓的公共交流空间在炎热的气候下是真正能留得住人的场所。

4. 用最基本的建筑方法达到节能、节地、节约的目的。利用场地本身的地貌进行建设,减少土方开挖;把建筑集中建设,集约土地资源;利用传统热带建筑的手段创造舒适的小环境。

总结

项目打破国有企业一贯的"大中轴,大台阶"的官式空间格局。

成功引导商业地产商拿出土地作为提供给城市的公共开放资源而被再利用的可能。同时,成功的让热带南方建筑真正适应南方的气候。

建筑师放下浪漫主观意识,反而尝试使用一种从纯理性的角度对各种限制因素进行分析的方法而导致的综合性结论。

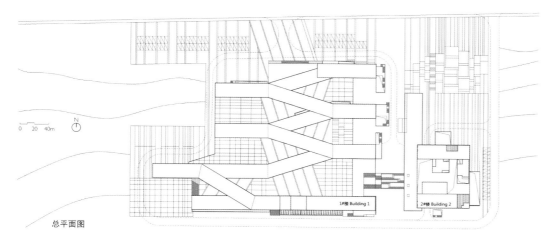

总平面图

项目信息:

项目地址 中国,海南省,三亚市,亚龙湾景区
设计师 钟乔
项目负责人 张甜甜
设计团队 张碧勤、黎靖、冯茜
设计合作 筑博设计股份有限公司深圳区域公司
竣工时间 2012年9月
业主 中粮集团三亚公司
用地面积 35049平方米
建筑面积 33400平方米
摄影师 苏圣亮、钟乔

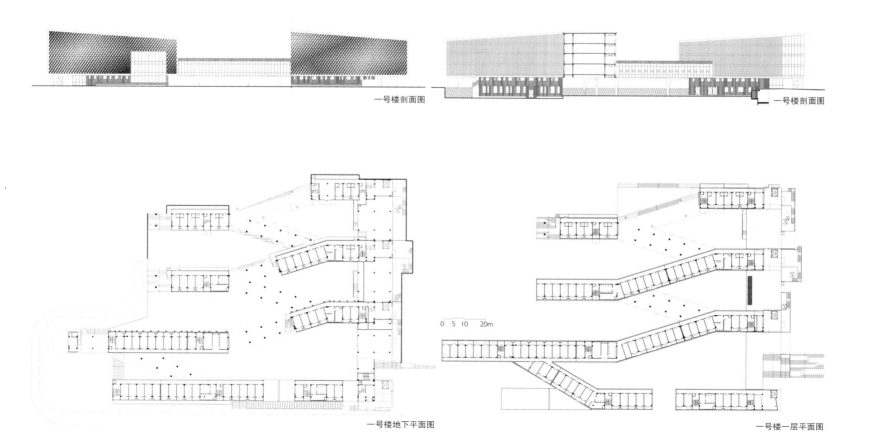

一号楼剖面图

一号楼剖面图

0 5 10   20m

一号楼地下平面图

一号楼一层平面图

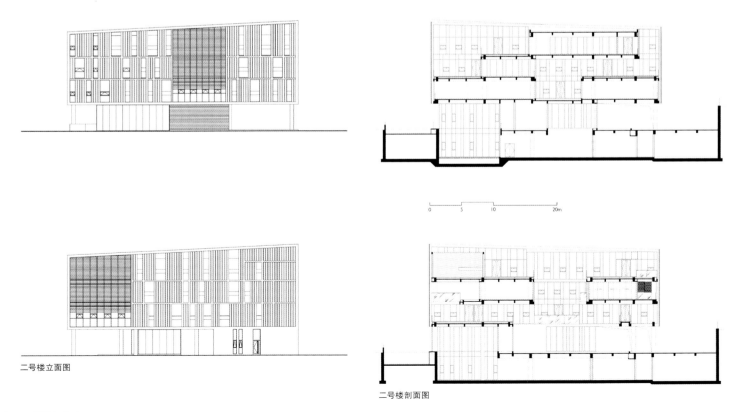

二号楼立面图

二号楼剖面图

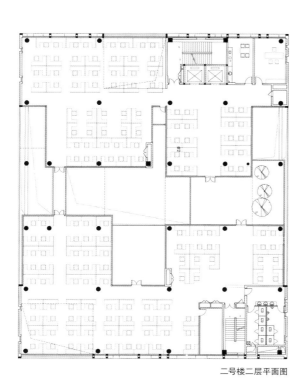

二号楼二层平面图

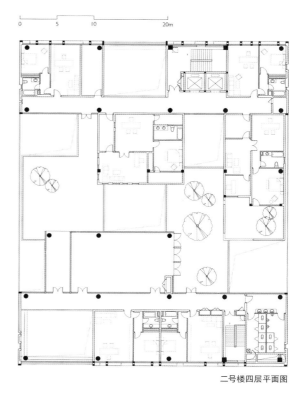

二号楼四层平面图

仓廪实，知礼节——粮仓里的狂欢

评四川中国艺库

董屹毕业于同济大学，获建筑学博士学位，并留校任教，曾赴美国伊利诺伊大学香槟分校作访问学者，受美国麻省理工学院邀请作"中国城市化"课程客座讲师。他致力于建筑设计方法的研究尤其是建筑图解理论方面，并主持相关国家自然科学青年基金项目。在DC国际，董屹的建筑实践立足创新，范围跨越文教、商业、酒店、办公、产业建筑和室内等领域，探索包括空间公正的建筑观、文化与消费的相互认同、传统城市文化更新和山水城市的隐喻表达等。他主持设计的宁波慈城中学项目入选第69届美国NSBA国际教育建筑展；DC国际办公室项目入围第八届现代装饰国际传媒奖年度办公空间大奖；成都洛带艺术粮仓项目获邀参加2011"物我之境"成都双年展建筑成果展；上海朱家角证大西镇项目获第八届金盘奖年度综合楼盘大奖。主持设计的"宁波鄞州人才公寓"获第三届中国建筑传媒奖居住建筑特别奖，第七届金盘奖年度公寓第一名，被《建筑实录》2013/03报道，并参加2013年香港大学"2020：HOUSING CHINA"建筑展。作为DC国际合伙建筑师还共同获得2008年《商业周刊》和《建筑实录》联合颁发的"Good design is good business"中国奖。

四川中国艺库项目（原名成都洛带粮仓）位于成都龙泉驿区洛带客家古镇的核心位置，身处川西客家文化的独特氛围，原有基地为有50年历史的粮站。项目希望能够将其改造为以艺术为主题的商业街区。项目用地中保留了7栋原有建筑的基础上改造加建为以艺术为主题的综合商业街区，三栋新建筑以艺术商业、青年旅社和综合用房为主体，包括了博物馆、商业、餐饮、旅馆、艺廊等多种业态。新建筑以粮仓为原型，保持其固有的内外部空间模式特征，但填入新的生活内容。

一、物我之境——从田园城市到城市田园

"物我之境"，实际上可以看做是研究外在的环境与人的内心需求的关系，放大到城市尺度，也就是我们追求的宜居的"田园城市"的模型。本项目从一个更小与更直接的角度讨论这个问题，将参展主题定为"仓廪实，知礼节"，将"田园"物化为最基本的"田"，其表征是与人关系最密切的"粮食"，事实上人类最早的仪式大多来源于与耕种和丰收有关的活动。

陶渊明《归园田居》中有"种豆南山下，草盛豆苗稀。晨兴理荒秽，带月荷锄归。道狭草木长，夕露沾我衣；衣沾不足惜，但使愿无违。"听蝉鸣，赏秋菊，依南山，牛羊归——田园，是中国文人羡闲逸的归隐情怀，是诞生粮食的饱满土地，是丰收仪式最原始的可能性；而粮食是自古以来，不分贵贱，帝王书生草芥们最天然的安全感来源，稻花香里说丰年，有了丰收，便有了庆祝，庆祝的讲究了，即有了最早的仪式；仪式并不能生产粮食，却能鼓舞在贫瘠荒芜岁月中的劳动人民创造更多的粮食。收割了大地的馈赠，心中满怀感恩的人们懂得了鞠躬致谢，学会了礼节。人们用礼、乐、阵、式来举行仪式，表达生活的喜悦，用奇偶开间、前朝后寝、三朝五门来构造建筑，建立我们生活场所的秩序与尊严。

田园产生粮食，粮食催生仪式，而仪式又是真正空间秩序形成的诱因，仪式催生了最初的空间，空间以居住的礼仪形成建筑，仪式孕生并蕴存于建筑之中，建筑修正并完善仪式，仪式催活空间并释放意义，意义投射至建筑而为象征。仪式孕生于建筑，而建筑来自于人类活动的土壤，这片土壤由习俗活动、宗教信仰、社会关系以及美学观点所浇灌。从建筑繁衍到城市，孕育物质基础的田园，始终影响我们的城市，一个城市，并不就是一堆建筑，相反的，是由那些被建筑所围圈，所划分的空间构成。田园、粮食、建筑和人类，与我们生活的城市一并生长蔓延。

二、粮仓文化到文化粮仓

从供给果腹的物质食粮到提升文化的精神食粮，粮仓本身由物质的存在限定了其文化属性，代表了一个时期的集体记忆，而在新的文化植入的同时，也必然对物质的存在产生新的要求。粮仓文化是整个洛带古镇文化的有机组成部分，文化是场所的灵魂，一个场所是否有魅力取决于它是否具有独特的文化品格，全球产业布局调整与变革，使得许多原来辉煌一时的老工业基地纷纷衰落，失去活力，以艺术的名义介入工业建筑遗产的再利用，激活闲置的工业建筑，同时为老建筑输入新的文化品格。

按照洛带粮仓被发掘的现场加以整理和新建，使观众感受新建筑的同时能理解历史的原来面貌，我们在尝试以提炼老粮仓的建筑语言描述新时期的文化粮仓。建筑上，老粮仓的双坡顶，两截段的铁皮门，与双开高窗，以及内部通敞的空间，都将是保留的元素，环境上，试图将粮仓文化以现代的方式进行演绎，蕴含粮仓文化的"新"置于"旧"之上，成为背景的同时亦作为地标出现，在新加建的农耕植物园内，适时加入新旧之间的古式玻璃顶棚，参照客家

古镇的基底，以小尺度的商业店面丰富古街，与环境相匹配的同时，强调步移景异的古镇风情。粮仓内的老梧桐，鹅卵石、青砖与水泥拼接的铺地，也是项目中延续的特色。抛去琐碎，去繁从简，以获得建筑最本质元素的再生。

通过挖掘场所本身的个性特质，塑造粮仓的场所文化与精神。除了注重空间物质层次的属性外，也在试图强调比较难触知体验的文化联系和人类在漫长时间跨度内因使用它而使之赋有的某种环境氛围。场地的精神由"空间物质要素+文化要素+时间（历史）要素"构成。我们认为建筑在场地精神的历史中形成，同时又是在历史中发展的，新的历史条件所引起的环境变化并不意味着场所结构和精神的的必然改变，而我们理解基地应该从历史发展变迁的角度进行，保持和延续粮仓文化的场所精神。因为特殊的基地历史与项目诉求，使在一个很小的空间和时间范畴内重复这一过程成为可能，我们希望能够刻意的强化这一过程，突出"粮—仓—人"的联系，也就是在"物与我"之间加入"空间"的主题。从粮仓文化到文化粮仓体现的是一个"物–我–物"的循环影响过程。粮仓作为载体在承载新

的文化模式的同时通过空间保留了原有的文化印迹。

三、客家田园的居所：洛带古镇的前世今生

项目场地身处的洛带古镇，相传汉代即成街，后因蜀汉后主刘阿斗的一根玉带遗落入镇旁八角井而得名"落带"后演变为"洛带"。是厚积文化沉淀与物质宝藏的千年古镇——至今仍存留着峻肃大气或庄重精妙之建筑；沿袭着舞龙祈雨与泼水庆收之庆典；传承着浓郁醇厚的客家美食与山歌。独具特色的文化要素与历史印迹，成为我们解读并塑造项目精神符号的切入点。

根据历史遗存、典故，确立了古镇街巷的网络结构以及与洛带粮仓的关系，根据事件、时间和公共空间活动的需求与特征确定了建筑的留空与空间节点，而新建筑质量与风貌也将影响老街的新基调与客家文化的生长。"客家(Hakka)"是一个民系概念，也是一个文化概念，有"客而家焉"之意，洛带古镇这片客家住民生存繁衍的居所，是客家人创造与丰收的田园。她作为要冲之地历经客家人进入成都平原的大移民时代，也经历族群聚居，衰落与涌动的年代。为了更好把握洛带粮仓的设计尺度与改建力度，我们做了亲临现场的细致调研，然而随着工作的深入展开，我们发现设计的解读角度与客家住民对古镇自身的理解意识存在许多不同，有趣的，是随着对老镇生活的理解我们也尝试重

新审视和修改设计方案，并认识到改建与更新老粮仓并不只是一项专业事务，而是延伸到古镇生活的方方面面，建立对洛带日常生活的理解，再以技术手段的层面去寻找答案，才使得最终的项目空间更加丰满，使其可以吸纳加载更多当时当地的文化社会信息，以形成复杂而充满关联的不同的建筑空间。

不同朝代时期的洛带客家建筑，见证了古镇住民的聚散分离，表达了不同的情感和记忆，承载着不同的心灵归属和寄托。乾隆年间兴建的移民建筑如今已存于洛带百年，对话了百年，并完全的融合其中，针对项目所处的古镇特有的肌理，我们希望新的四川中国艺库建筑总体应该是谦虚的，植入环境肌理之中的；同时局部又应该有一些自身完整的体量，展示时代的活力。古老会馆形象各异，却都历史痕迹浓郁，手法多样而匠气，是当时时代和功能的需求产物。我们的项目，这个新生的生命到来，像是来自异端的不速之客，然而这也是项目植入的初衷，希望在古老、缜密和复杂的古街格局间，植入有创造力、想象力、感性汇合理性最终能够与古街肌理一脉相承的建筑空间。对于古镇年轻一代来说，事件的符号向他们传输着历史的记忆，同时也需要由他们继承传播下去，而建筑客观存在的空间作为媒介承担了这个传输的历史任务。

四、新文化的植入融合与共生

多重外来文化的杂糅形成了洛带古镇独有的文化特质，四川中国艺库从某种意义上说也是如同客家文化一样，作为外来文化进入洛带古镇。与古老会馆相同之处是，我们的项目同样属于植入当地的另一种客体。

四川中国艺库镶嵌于原有的古镇肌理之中，因而在建筑体量上，我们始终控制着保留与加建的关系与比例，维持原有建筑尺度的同时，植入新的功能空

间,扩建部分维持原有的建筑尺度关系,打通粮仓与古街的空间脉络关系,并拟合老镇的肌理形态,获得内外融合的空间。

项目需要向原有古镇植入新的文化食粮,这个食粮的承载形式就是新建筑。项目将如同会馆融合于此的过程一样:经历对话和相容,从独立到消解,随着时空推移与古镇一同生长,项目参考古镇的空间尺度,重在塑造有特色的街区形象和文化传承的实体,并最终成为古镇生命的一部分,体现了客家文化植入融合的过程。四川中国艺库与古老镇区街道的融合将产生新的文化撞击,将引导居民全新的文化观点,影响客家人新的生活方式。文化的植入成为一种传承,因此新的生活方式在粮仓的植入也成为一种必然,但同样代表着田园城市基于自然和本性的生活态度。

项目中,我们诉求一种遵循建筑本身新陈代谢的

规律进行设计与改建,建筑应该像生命体一样能够不断地进行着自我更新,设计中尊重当地传统文化和多元文化,吸收大量当地的社会与文化信息,最终发展成为成熟的共生。共生的内容包括:异质文化的共生、人与技术的共生、内部与外部的共生、部分与整体的共生、历史与未来的共生、理性与感性的共生、宗教与科学的共生、人与自然的共生。场所中,我们用大体量的新建筑将四周小尺度和零碎的历史空间统和成一组整体,并且利用环形街道来联系不同的新旧空间,创造包含物质因素和人为因素的环境,并将洛带古镇道路网的错综复杂的性格也延伸到建筑内部。

当物质的实体和空间表达了特定的文化,历史和人的活动,并让这种活动充满活力,最终才能形成艺库与古镇街道的共存与共生。

项目位于成都龙泉驿区洛带古镇，北临洛带古街。项目为洛带粮仓旧址，身处川西客家文化的独特氛围，周边均为现状古镇老房子，项目在保留原有粮仓的基础上改造加建为以艺术为主题的综合商业街区，包括了博物馆、商业、餐饮、旅馆、艺廊等多种业态。项目获邀参加"物我之境"2011成都国际双年展建筑成果展。

设计主题分析：

设计以粮仓文化为主题，结合原有建筑衍生为独特的建筑形态，同时参考古镇的空间尺度，重在塑造有特色的街区形象和文化传承的实体，体现了客家文化植入融合的主题。

整个设计植根于洛带古镇文化之中，将粮仓文化以现代的方式进行演绎，有效地实现了"场地精神"的全新演绎。同时，改建过程追求的是与当地的多元文化和谐共生的原则，有效地塑造了一个独具特色的街区与文化传承的实体。

项目信息：

项目地址 中国，四川省，成都
设计公司 DC国际
竣工时间 2013年
业主 齐盛实业
用地面积 15000平方米
建筑面积 22000平方米

立面图

项目概况

证大西镇位于素有江南明珠之称的上海青浦朱家角，包含度假酒店、大型影院、文化中心、餐饮、民俗手工艺和零售商业，是具有江南意境的文化商业体验场所。

功能与布局分析

基地本身最有特色的是亦店亦宅的建筑布局形式。古镇临街、临河而建的二层建筑，底层面街多为整间的门板店，随时可以打开，便于经商、运货。这是适应当地地理、气候、文化、经济各方面因素而形成的建筑布局形式。商业经营空间的丰富性强化了感受型的消费模式。

依托厚重完好的古镇街区，挖掘商业建筑主题的文化价值，我们提供的是对民俗文化生活方式的体验，对民族文化的欣赏，唤起人们对江南文化的热爱，以创造全新的商业建筑发展模式。强调地域性与独特性、强化人的体验与记忆，是项目创造文化展示空间背景的最终诉求。

总结

对江南氛围的重塑不仅仅是塑造一个文化符号，更是对中国人内心的精神追求的解读。我们希望建筑根植于当地的人们生活中，利于人们交往互通。体现文化江南韵味的同时，富有文化商业形态和空间与古镇原有脉络相适应，更能适应现代消费者对历史文化的消费体验需求。

项目信息：

项目地址 中国，上海，青浦区
设计师 刘君、庄昇、贺玮玮、尼江涛、张建国
设计公司 DC国际建筑设计事务所
竣工时间 2012年
业主 证大集团
项目功能 美术馆与商业服务
设计内容 建筑改建
用地面积 120000平方米
建筑面积 130000平方米
摄影师 吕恒中

司考特·库明（美国建筑师协会会员、美国绿色建筑委员会能源及环境设计先锋奖认证专家、帕金斯伊士曼建筑设计公司总监兼国际运营部首席运营官）

司考特·库明，1983年毕业于哈佛大学设计研究所，目前在帕金斯伊士曼建筑设计公司华盛顿分公司担任总监兼国际运营部首席运营官。库明拥有28年的设计规划经验，专注于社区、建筑、医院室内、零售、企业办公和医疗设施的设计。最近，他将设计重点放在高密度混合使用开发项目上。作为公司的国际运营部首席运营官，他将参与到公司现有的国内外管理团队中，负责监督国际分公司的办公、员工和海外项目的日常运营。

公司董事长兼总裁布拉福德·帕金斯（美国建筑师协会资深会员）这样描述库明的领导才能："帕金斯伊士曼建筑设计公司在30多个国家都拥有在建项目，司考特·库明出色的领导才能将帮助公司实现持续的发展。我们致力于打造在世界各地都通用的建筑，作为公司的

中国零售业建筑的新潮流

评汉街万达广场

评论：（美）司考特·库明（美国建筑师协会会员、帕金斯伊士曼建筑设计公司总监）
（Scott Kilbourn AIA, Principal, Perkins Eastman）

UNStudio建筑师事务所的创始人本·范布尔科尔将银白色的室内空间描述为"近乎梦幻的世界……购物中心与剧院相似，变成了一座舞台，赋予顾客丰富多彩的愉快体验"。

UNStudio建筑事务所和他的设计团队精心打造的武汉汉街万达广场是一个独特的购物场所，为武汉的文化中心的发展增添了活力。汉街万达广场以超过4200个不锈钢球所组成的独特外壳从周边建筑中脱颖而出。白天，该建筑像一件巨大的奢侈品，暗示着购物中心内所坐落的高端商铺；夜晚，电脑驱动的LED阵列让其流畅的外壳变得流光溢彩。尽管如此，项目真正的创新和力量还体现在了精致的室内空间，为时装、美食和娱乐活动的贩售提供了优雅而明亮的背景。

零售的标准

零售建筑在经济上的成功可以通过一些简单的相关标准进行衡量：一是商铺的使用率，100%是最佳值；二是零售空间的客流量及真正购买商品的人数。

当然，还有一些其他的与财政相关的衡量方式，例如商铺的租费率、单位面积的销售额等。这些参数适用于各种类型的购物场所，无论它是传统的购物街还是巨型商场。

因此，零售业建筑师所面临的挑战是如何在以上指标中获得优异的成绩。为了实现这一点，首先，设计师必须让购物中心于周边的环境和社区形成良好的联系和互动。与优秀的城市街道一样，它必须拥有庞大的客流量，将购物活动提升到观察人类演出的剧院的层次。它还必须在潜在消费者和销售的商品之间建立起直接的物理联系。在传统的中式百货商店里，几乎每一条走道上都有售货员向迷茫的消费者大力推销商品。幸好，在高级商场里这种行为已经不再可见，零售商们开始依靠良好的设计品质、商品营销、展示和灯光设计来销售商品。这些相关的因素在即将售出的新衬衫和它未来的主人之间建立起了重要的桥梁，刺激着人类的感官。传统的街道商贩深谙此道；在电子商务的全球化浪潮之中，这条基本的零售原则也同样适用于实体购物中心。

项目概况

汉街万达广场位于武汉中央文化区，是一座高端的奢侈购物广场。广场集文化、旅游、商业、办公和住宅设施于一身，以独特的魅力吸引着游客、居民和上班族。

设计理念

通过一次国际设计竞赛，UNStudio建筑事务所的方案从众多优秀的设计作品中脱颖而出，最终获得了汉街万达广场的外立面和室内设计的资格。汉街万达广场于2013年9月竣工，内部有多家国际品牌店、世界顶级精品店、餐饮广场和影院。

UNStudio建筑事务所的设计概念将重点放在购物广场在总体规划中的选址。UNStudio建筑事务所的设计将汉街万达广场视作一个现代经典，在同一概念中融汇了现代与传统的设计元素。

组织结构的设计原则

流动的协同作用是所有设计元素的关键：建筑外壳的流畅接合、动态外墙照明及其内容的编排以及引导人流从中庭通过楼梯和走廊分散到建筑各处的室内造型语言。

室内设计围绕着南北两个中庭展开，形成了两个独立而又相互融合的空间。中庭成为了汉街万达广场双重个性——现代和传统的体现。它们在结构、材料和细部设计上各有不同。北中庭有两个入口，被用作主要的活动大厅，而南中庭则较为隐秘。北中庭以温暖的金色和铜色材料反映出传统的文化氛围。南中庭以银色和灰色的反光材料反映了城市的特色和都市的节奏。两个中庭各配有一个带有漏斗结构的天窗，漏斗结构将屋顶和地面连接起来。每个漏斗结构上覆盖着2,600块玻璃板，上面印有复杂的图案。此外，每个漏斗中央都设有一对观光电梯。中庭具有强烈的个性，而连接二者的走廊则同样保持了自己的风格。

立面设计

立面设计注重实现动感的效果，反映出两种材料的结合：抛光不锈钢和压花玻璃。这两种材料被巧妙地制作成9个倾斜角度不同的标准球体。它们的特殊位置相互作用，再现了水

的流动效果和倒映效果，同时看上去又好像是丝绸的褶皱。几何结构从完整的不锈钢球体过渡到逐渐倾斜的球体，再到半球，球体表面嵌有印花夹层玻璃。球体的直径为600毫米，被安装在900毫米x900毫米的拉丝铝板上。铝板在工厂预先装配，然后再现场安装。

LED照明

建筑照明与建筑外壳上的42,333个球体结合起来。各个球体内的LED装置透过夹层板玻璃形成发光点。同时，球体后方的LED灯将在后板上制造出漫射照明。17,894平方米的媒体墙共使用了3,100,000个LED灯。汉街万达广场可以根据场合和活动来对灯光进行控制，形成不同的媒体照明效果。

评价

由于武汉中央文化区以水为主要设计概念，建筑选择了"流动的协同作用"作为组织结构的出发点。汉街万达广场的设计目的在于将大街上行人的注意力和人流引至建筑的外立面和入口处。人流从建筑的三个主入口进入，导向两个中庭。

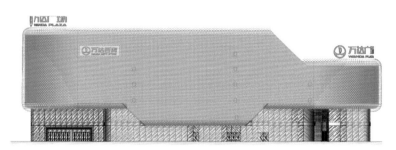

北立面图

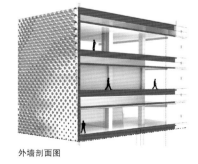

外墙剖面图

剖面图

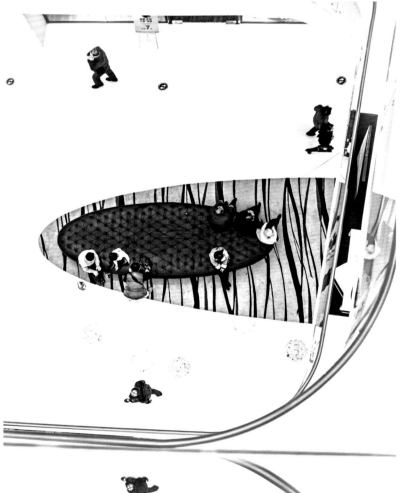

膜材

缘梁

结构

镂空图纹饰板

材料选择1：
喷砂／贴膜玻璃

材料选择2：
银白金属镂刻饰板

天窗玻璃分隔

电梯造型玻璃分隔

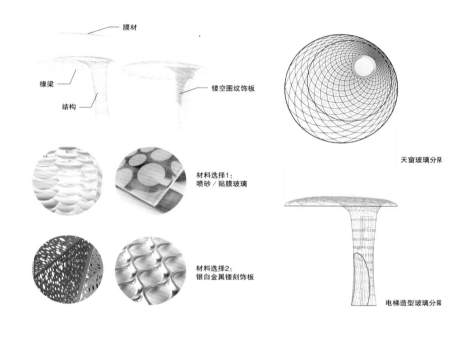

玻璃顶
主结构节点
内侧包覆层
梁 结合排烟

连桥

结构环

电梯轿箱

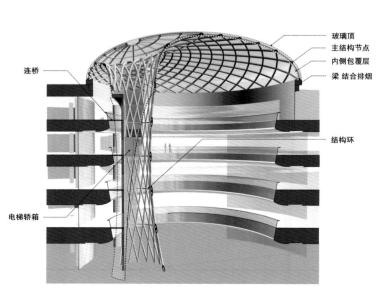

膜材

缘梁

结构

镂空图纹饰板

整合设计服务台

天窗玻璃
分隔图平面

电梯造型玻璃
分隔图立面

材料选择1：
木材饰板

材料选择2：
黄酮镂刻饰板

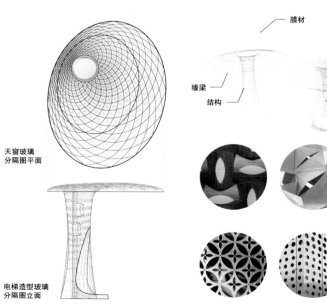

韩国JOHO建筑事务所（JOHO Architecture）位于首尔市，成立于2009年，创始人为李勋。

李勋曾凭借其代表作"赫尔玛停车楼"（Herma Parking Building）获得由韩国文化体育观光部颁发的"2010年韩国青年建筑师奖"。JOHO建筑事务所在《建筑实录》杂志"2013年设计先锋"中获评"世界十大新兴建筑公司"。李勋最近的设计作品"曲线住宅"（Curving House）已在多种世界期刊中发表。此外，"南海郡乡野住宅"（Namhae Cheoma House）也是李勋的代表作。

目前，JOHO建筑事务所正着手设计多个项目，是韩国曝光率最高的新兴建筑公司之一。JOHO建筑事务所尝试用多种形式和组件重新诠释韩式传统空间，所用材料都是最常见的、经济实惠的原材料。李勋尤其注重建筑形态及立面与周围环境的融合，在此基础上探索新型韩式建筑的特色。

重组建筑——打造城市新环境

评广州W酒店及公寓

评论：（韩）李勋（Jeong Hoon LEE）

20世纪占据主导地位的理念是资本和发展。在过去的这个世纪中，在经济原则的指引下，"填补实体空间"就是一批城市诞生的源头。东亚的新兴城市无不遵循这一模式。这是因为，一座城市必须从经济的角度上、在生产的领域内确保高效运转。同时，这样的城市必然是高度拥挤的空间结构。人们追求的是高效运转的城市系统。于是，关于建筑的主导理念我们可以得出这样一个结论：建筑就是用一些东西来填补另一些东西。

城市就是一些大型的需要填补的东西。我们有现成的机制来建立让一切高效运转的城市。"城市"、"密度"、"资本增长"这一系列概念彼此相连。在它们构成的这张复杂的关系网中，"人类"是最受孤立的概念。是我们人类最先建立起城市，而现在，我们却被城市推到了边缘，这本身就是一种巨大的反讽。随着城市的爆炸式发展，我们现在面临的这个现实无疑是十分艰难的。这个现实反过来又分成两个复杂的概念——"创造带来的增长"和"孤立带来的失落感"。

然而，广州W酒店及公寓这个项目却对"密度"与"发展"做出了完全不同的定义。在高密度的基础上，这个新的定义拒绝让不同功能区呈现水平分布。它以"建立城市形象"为己任——用建筑形态和结构建立城市新形象。这是城市发展议题面临的一个不同的问题。或者可以说，这是一种新的解决方式。酒店和公寓的组合本来可以让人有借口注重功能的实用而轻视建筑形象。然而，本案的建筑师却没有这样。相反，他（或她）利用各种实体和空间对原有规则进行了重新的诠释。这栋建筑拒绝纵向增长。它寻求建筑空间的完美布局，力图在"垂直"和"水平"两个维度上达到完美的平衡。而且，设计师注重身处这个空间中的人的视野，并融入了自然元素，兼顾"宏观城市"

与"人文体验"——在"酒店+公寓"的组合中这两个方面之间出现了鸿沟。于是，我们看到的最终结果是更加美丽的城市景致。

这意味着酒店和公寓之间的界线以反讽的方式变得模糊了，这便是建筑空间的合并和分解的结果。然而，也正是这种模糊，才让这个二元组合中的每个结构从三维立体的角度获得了自身的特点，显示出设计师在进行功能区的重新划分时心中必然有着整体的策略。这里不是你必须对城市展现自己的地方。相反，这里就"你如何融入城市"给出答案。中间的留白空间贯穿整体建筑，与远处的街道相连，创造出一条新通路。建筑师对整体建筑进行"切割"，中间留出一部分珍贵的空间（在广州这样的地方这是一种奢侈），证明了城市发展也可以如此美好。这才是真正的发展，而不是爆炸式发展。随着这栋建筑在我们面前逐渐展现自身，其恰当的体量划分和开放性设计带来一种全新的体验，让我们不由自主去选择这样的发展，而不是盲目的爆炸式发展。它的美好以及它代表

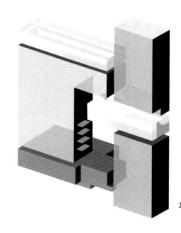

功能图示

的新的发展方式正是我们所要寻求的，同时它又巧妙地提出一种不同的美学视角——关于景观与留白的美学。它控制着城市渴望填补自身的欲望。它努力建立起一种新的形象，在这个过程中用建筑解决了扩张和发展的问题。这种尝试本身就令人钦佩。

这个一体式的整体建筑也为城市街区做了新的定义——街道从中穿过，它本身就可以视为一个街区。然后，材料是一种重要的建筑手段，可以用来缓解简单的建筑表现带来的乏味感。设计师为每个部分选择了不同的材料，突出了水平方向的区分，垂直方向也没有造成过度的夸张。这样一来，信息的视觉传达就更清晰了；功能区的巧妙布局也清楚地体现出来。建筑外观既清晰又不夸张，室内对材料和色彩的使用注重营造简洁高雅的环境氛围，二者相结合，让我们对这座城市有了新感观，不同于以往的华丽时髦。城市的核心本质在于发展和填补。然而，通过留白来提供另一种选择，这却是建筑的作用。建筑是为人而建造的，并且最终，建筑的存在应该以人为本。因此，城市中的大体量建筑应该更加精致和人性化。

广州W酒店及公寓

广州W酒店及公寓综合体项目设计于2006年，并于本年开始施工，历时6年多，W酒店最终于2013年5月份正式对外开业。广州W是一座包含一所精品酒店及一所服务式公寓为主的综合体。建筑设计既是对广州珠江新城城市形态的回应，亦是紧凑式都市酒店功能的独特演绎。

整体布局与形态解析：

1. 溶入城市肌理

建筑面向两个主街角，一为主干道洗村路/金穗路交汇处，一为洗村路和兴盛路步行街的交接处。因应城市不同的景观，建筑演绎随之不同。面向金穗路的转角，突出酒店品牌及顶部功能；而面向兴盛路，则表现酒店和公寓之体形结合。

整体建筑加强及延续街道之建筑面，营造有效的街道介面，但透过体形中段之分离，将内庭连接大街，刻意令两组空间产生视觉上之互动，亦有助于区内光线渗透及空气流通。

2. 外形突显内在

建筑外表采用深色物料，外观上保持视觉上的一致性，以突显数个玻璃盒子之通透晶莹，亦刻意强调酒店私人领域及公共领域的对比，公共领域的通透感，将酒店气氛向外散播。而私人空间相对私密，并以垂直玻璃条分隔每个房间，形成亲切的尺度。外观的营造，也是空间的营造，结合成一个总体空间序列，令人有探索发掘之意欲，亦有视觉及体验的惊喜。

入口序列层层相扣，由细长垂直的空间开始，而至宽敞的"客厅"，通高飘浮在玻璃盒子内的酒吧，与极安静娴逸的接待偏厅，均延续着公私分合的外形构图，以求内外如一。

项目信息：

项目地址 中国，广州
设计公司 许李严建筑师事务有限公司
当地建筑师 广州市瀚景建筑工程设计事务所
室内设计 Yabu Pushelberg, Glyph,
AFSO, A.N.D., DesignWilkes
结构工程 广州容柏生建筑工程设计事务所
机电工程 澧信工程顾问有限公司
竣工时间 2013年
业主 合景泰富地产控股有限公司
用地面积 22630平方米
建筑面积 106500平方米
摄影师 Liky Lam

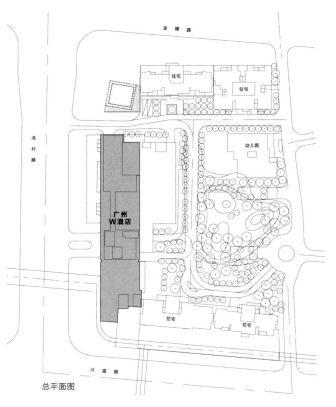

总平面图

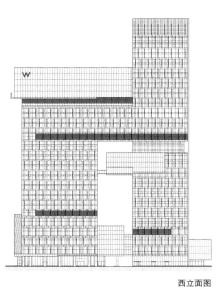

西立面图

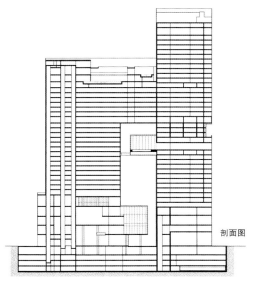

剖面图

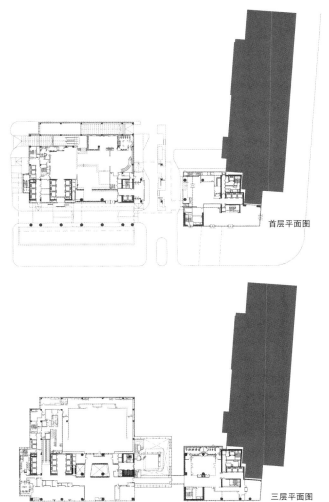

首层平面图

三层平面图

融化的构造学

评伊比利亚当代艺术中心

评论：(西)巴塞罗那拉古拉建筑事务所(Lagula Arquitectes)

巴塞罗那拉古拉建筑事务所成立于2001年，拥有5名合伙人和专业的设计团队。

事务所为不同类型的客户提供项目服务，项目类型涉及住宅、酒店开发、文化和市政中心、体育设施和公共空间等。拉古拉建筑事务所将建筑实践与教学研究结合起来，在加泰罗尼亚理工大学、加泰罗尼亚高等建筑学院、艾丽萨瓦设计学院、清华大学等高等学府均进行过教学和研究。

拉古拉建筑事务所的建筑实践以传统材料和技术的创新应用为重点。他们的作品充分探索场地机遇，利用几何造型和功能条件作为建筑类型的筛选工具，为空间添加了建筑传统和社会行为，展现了地区、环境和文化的特色。

他们的作品曾多次获得各种建筑竞赛的奖项，其中包括VIVA国际住宅竞赛一等奖、巴塞罗那拉帕图木博物馆竞赛一等奖、加泰罗尼亚非物质文化遗产庆祝活动设计一等奖等。拉古拉建筑事务所曾受邀在各种国际会议上发言。他们的作品获得了FAD（促进艺术与设计组织）奖、2002年第2届欧洲景观双年展、2012年第55届威尼斯双年展以及国际建筑网站和出版物的认可。

作为来自巴塞罗那的建筑师，由我们来评论中国建筑师在北京设计的建筑合适吗？答案是肯定的。首先，建筑所采用的砖石等材料在西班牙也十分常见；其次，我们与中国传统建筑和现代建筑的联系也十分紧密，曾在2010年11月到清华大学当过访问学者。建筑的语言是通用的，作为来自地中海的建筑师，我们完全可以理解中国的建筑作品。建筑的通用法则也是我们这个世界的基本法则：利用对重力的控制来打造室内空间。建筑通过材料和施工技术的应用来服务使用者，从而在我们的生活中形成一个富有意义、易于理解的文化碎片。从地中海现代建筑角度来看，伊比利亚当代艺术中心的设计极富创意。设计赋予了原有建筑全新的意义，本土材料和传统建筑技术的运用与非常规的几何造型结合起来，形成了出人意料的效果。

新的几何结构并不意味着在原有结构上建立新秩序。事实上，它在原有空间的基础上为其量身定做了各种各样的外观形式。整个设计只采用了一种材料——砖。一开始，这个新的立面看起来仅仅是围绕着三个已建空间所形成的砖墙。然而，这层外壳其实富有深远的意义，呈现出了丰富的多面性。同时，新立面的几何结构并不是直接延续了原有的轨迹，而是为旧的建筑引入了新的几何特征，并且新增了一个深嵌的入口。作为一种传统建筑材料，砖有很多优点。由于体型较小，砖几乎适用于构建任何几何造型，这在本项目中得到了充分的体现。设计成功地应用了交织和花格系统。此外，虽然采用不同的砌筑形式，小块砖的不断重复仍然形成了一种整体感，这正是设计的闪光点之一。然而，从材料的试验来讲，这座建筑确实过于谨慎。砖块的尺寸是统一的，砌筑形式基本以砖块的长边为基准，甚至砌缝的宽度都没有变化。因此，项目对砖的使用形式没有中国传统建筑和北欧的现代建筑师阿尔托和莱维伦茨那么丰富。构造学的概念指的是不断利用材料和逻辑构造技术来进行构造。传统来讲，砖是一种承重的建筑材料，多用于承重墙和天花板。埃拉迪奥·迪斯特所设计的曲面横隔板外壳以及安东尼·高迪和约瑟夫·茹若尔设计的抛物线拱顶都是砖材料构造的典范。在他们的作品中，砖结构体现了构造几何形态的意义。这不仅体现在富有灵感的曲线，还呈现在砖的几何承重逻辑上。当然，现代建筑的隐喻可以取代构造的一致性。但是像伊比利亚当代艺术中心项目一样大胆的决定意味着建筑师定义了一个新的建筑类型——"隐喻性构造学"，他利用几何结构实现了装饰功能。

在本项目中，砖被作为一种渲染性材料大规模的使用，而玻璃的应用则增强了这种效果。置于砖墙外层的玻璃延续了弯曲的几何形状。过往行人在玻璃上扭曲的影像和北京冬天典型的灰色天空进一步强化了建筑师的表达：这不是一面传统的承重墙，而是具有精致纹理和文化底蕴的表皮。因此，项目并不是运用本土材料的典型，而应当以后现代主义的观点来理解。从某种意义上，可以说这并不是一个砖立面，而是砖立面的变形，正如艺术大师萨尔瓦多·达利的作品"融化的钟表"可以被理解为现代时间概念的象征一样。建筑的内墙强化这种复杂的特性：石膏将砖墙覆盖起来，装扮了门框和扭曲的墙面。洁白无瑕的墙面将原有的建筑覆盖起来，形成了连续的空间，同时又突出了砖砌结构的主要特色。天窗的运用突出了这座文化建筑的层次，看起来就像是建筑的接缝。连续的线条显示了砖墙的外壳特性，也突出了空间在两层之间的质感。天花板剖面和壁柱的承重线勾勒出空间的结构，呈现出单一白色。虽然墙面是变形的，我们仍然可以感受到变形后面的基础结构线，它们呈现出了一种独特的韵律感。表皮的变形还体现了一种内在逻辑：旧砖墙和新的变形表皮之间形成了一种新空间，与原有的空间成切线位置。然而，即使没有这个空间，在变形的表皮和原有砖墙之间仍然会有一段空白的距离，这是表皮的几何结构所致的。变形创造了一个新的空间。两种对比强烈的材料之间形成了裂缝，里面充满了光线和强烈的对比。洁白的内墙延续了材料的统一性。光和几何造型体现了同一个空间的物质性和非物质性。这种空白感延伸到了其余的室内空间中，体现了整体感。这种做法与原有建筑结构的特性毫不冲突，反而突出了其特有的条件。这种缩减式信息足以展现各个元素的独特个性。在对室内空间进行了"留白和上漆"处理之后，承重线和视觉联系一下子就恢复了。新的合并空间呈现出不同的材料效果，与弗兰克·盖里在古根海姆博物馆中采用的设计同属一种后现代主义类型。正如查尔斯·詹克斯所描述的：所有空间都扭曲成连续变化的曲线，形成了一种多元主义类型。

在旧厂房中，有限的材料突出了空间的工业特征。此外，与入口空间一样，构造线连接了屋脊下的裂缝，暗示了空间的结构序列。这些线条重新勾勒出建筑的整体。在某些区域，反光地面完善了整个空间，突出了空旷的效果。除了砖、白石膏和玻璃之外，时间也被用作一种设计元素。极简的设计策略和材料在不同元素之间形成了一个序列，构成了记忆。空间之间的关系不仅是可见的，而且还通过散漫的记忆连接起来。但是时间不仅是一种现象，还是一种建筑元素。入口处弯曲的砖墙似乎是专门用来积攒灰尘的。这样一来，时间就以另一种形式在建筑中体现出来，形成了介于新旧之间的联系，与外围的砖砌脉络形成了对话。玻璃以稳定的形式强化了临时的边界。确切地说，是弯曲的玻璃和砖组合起来，共同勾勒出了边界。这个边界阐明了实体建筑、图纸建筑和理论建筑的差异性。

项目概况

伊比利亚当代艺术中心位于北京798艺术区内,是一个厂房改造项目。初始基地由一组工业建筑组成,总建筑面积为3000平方米。其中最大的厂房建筑面积约为1000平方米,净空高达8~11米。

设计理念分析

改造设计的理念是在最大限度保持工业建筑外观的基础上,将现状零散的建筑转变为一个综合的艺术展示空间。沿街立面上引入了一道50米长的砖墙,使得原本分散的三座旧厂房产生了一道完整连续的立面。然而,新的建筑立面,并不是简单地替代了旧的立面,而是通过建筑形式和构造等语言与旧建筑进行对话。

建筑室内在保留原有墙体的基础上,在高大空间内加入了几个新的功能体块。除了展示空间外,还设有办公空间、书屋、报告厅、咖啡厅以及艺术书店等功能。

点评

在设计中碰到的是整个798区域内所弥漫着的"仓库美学"怀旧气氛。这是一个需要谨慎处理的"相遇"。一个可能的设计陷阱是坠入符号化的对旧工业建筑及其元素的铺陈,直接迎合大众对已远逝的工业化时代的怀旧消费需求。还只是几年前,这种旧工业建筑的改造还充满了陌生化的美学价值,但是由于缺乏创新,如今只停留在重复和不断地拷贝的层次。

另一个与此相反的陷阱则是对博物馆"白盒子"空间、照明设计的过度信任。不断增加的租金和艺术投资热潮将798厂区内各种画廊和艺术家工作室的"升级换代"推向一个争造"美术馆"的冲动中。历史遗迹不再被强调,"草根"画廊纷纷挣脱地理文脉特征,寻求千篇一律的博物馆"白盒子"室内空间效果。因此,要避免踏入这两个陷阱就是意味着设计既不能停留在怀旧中,也不该重复可能发生在任意地点的某种空间经验的简单再现。

项目信息:

项目地址 中国,上海
设计师/设计公司 梁井宇/场域建筑
艺术指导 鲁琼
设计团队 彭小虎、赵宁、李洪雷、杨洁青、周源、谷巍等
工程团队 北京九源三星建筑师事务所
设计时间 2008年
竣工时间 2009年
结构构造特点与运用材料 钢结构砖维护与砖承重结构
摄影师 场域建筑

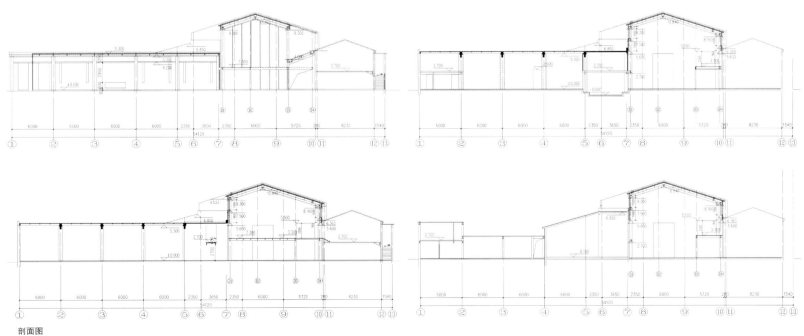

剖面图

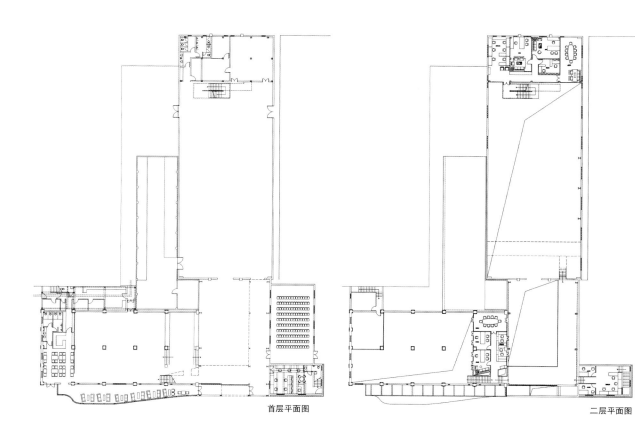

首层平面图 二层平面图 三层平面图

现代四合院——
工作与生活空间的结合

评上海文化信息产业园B2地块

评论：（意）克里斯蒂亚诺·皮科（Cristiano Picco）、
安东尼奥·法蒂贝内（Antonio Fatibene）

克里斯蒂亚诺·皮科，意大利建筑师，1964年生于都灵，先后在挪威、荷兰和西班牙等国有过工作经历，之后毕业于都灵理工大学，任该校外聘教授直至2012年，教授建筑设计。皮科将城市规划与建筑设计的理论研究与实践相结合，从宏观的城市规划到具体的项目施工都有涉猎。他组织皮科建筑事务所（PICCO architetti）设计了一大批住宅、工业建筑、商业建筑以及第三产业的各种项目，皮科的设计作品还包括学校、公共图书馆、大学和各种公共空间。多年来皮科曾为多家意大利公司效力，始终关注建筑设计和城市规划的各类问题，尤其坚持用当代城市环境下的各类项目作为他不断探索的实验。皮科曾多次参加意大利和海外的国际竞赛。

安东尼奥·法蒂贝内，意大利建筑师，1973年生于都灵，毕业于都灵理工大学建筑系，其后法蒂贝内继续在该校组织学术研究，并于2006年获得建筑设计专业博士学位。从2002开始，法蒂贝内与皮科建筑事务所合作。法蒂贝内组织并参与了关于建筑设计和城市规划的多种学术会议和研讨会，并与都灵理工大学建筑科技实验室有合作。

皮科建筑事务所将城市规划与建筑设计的理论与实践相结合。该公司在私人和公共领域内均有涉猎，从设计到施工全权负责，大到宏观的城市规划，小到具体的施工过程。公司内有一支专业的设计团队，由各个领域内的专家组成，包括结构、技术、环境、交通等方面的专业人员，在设计过程中集思广益，通力合作。皮科建筑事务所尤其擅长住宅的设计，特别关注社会经济住房，他们设计的一大批经济住房已经建成。

环绕着上海市区的城郊开发区具有一种"群岛"状的明显特征——由一系列相互独立、功能单一的"岛屿"构成。这些开发区能够建立，多亏了原有的分布广泛的灌溉系统——这些土地原本是耕地，不过这些灌溉系统现今已经所剩无几。这些"岛屿"主要分成两类：一类是工业生产园区，一类是居住区，根据俞挺所说的"建筑殖民"模式进行布局，由此形成一种独特的城市扩张现象。工业生产园区一般来说没有固定的外观特点，形象比较多样化，其地点的选择主要要求离城市基础设施更近、更方便，而居住区的外观则比较单一，这是因为住宅楼都是从一个基本内核扩充而来，往往是相同模式的无限重复，这就导致了在造型、色彩和材料等方面都没有任何差异的相似的住宅楼出现。

俞挺在上海嘉定文化信息产业园内设计的建筑，将工作空间与生活空间结合在一起。这种理念与周围环境形成鲜明对比，让各种不同的、但却相互关联的活动能够集中在一起，更节约空间，同时寻求实现可持续设计理念——建筑密度和紧凑型城市。

这个项目将上文提到的两类开发区——工业园区和居住区——的特点和元素相结合，合成为一种新的"孤岛"类型。住宅的部分遵循古典建筑传统，这样，其组成元素的构成方式其实就已经决定了。尽管与不同的文化有交集，但是从类型学的角度看，它保有东方和西方传统建筑的共同特征。从东方借鉴的建筑原型是四合院——中国古老的住宅模式，房屋围绕着中央的内向型庭院来布局，这个庭院的作用是带来宜人的户外空间，庭院周围是房屋的围墙，同时营造出一个私密的"微型世界"，极富象征意义，特色鲜明。在西方建筑传统中，这种模式跟罗马住宅（Roman domus）的类型很相像。

144／145　创作与交流

不论承接何种项目，皮科建筑事务所总会尝试重新诠释项目的本质，丰富项目的内涵。除了社会住房外，他们还设计了老年之家、学校旅舍、体育场馆、办公楼和零售业建筑等各种类型的项目，许多作品曾在意大利以及国际上的图书和杂志上发表。

皮科建筑事务所曾参加国内和国际上的多项竞赛，取得的成绩包括：2001年都灵新图书馆和文化中心国际竞赛——决赛入围；与甘贝里尼建筑事务所（G.Gamberini）合作，共同获得意大利拉文纳社会住房项目竞赛的冠军（该项目目前正在施工中）；与"加号工作室"（+Studio，皮科建筑事务所在多个项目中的合作伙伴）合作，获得都灵银行新总部非对外开放竞赛的冠军和意大利AMIAT公司都灵新总部竞赛冠军（该项目正在施工中）。

中国古老的风水学说研究的是如何在人类建筑与自然环境之间再造平衡。18世纪的西方也有类似的学说，其目的是将建筑拆解成单个元素以研究其本质和工作原理。

关于工作空间，人们最近才开始关注"人"。20世纪初，美国人弗里德里克·温斯罗·泰勒（Frederick Taylor）提出"科学管理"（Scientific Management），法国人亨利·法约尔（Henri Fayol）也发明了"管理过程学"理论，更关注"人"的因素，但是起初并不是很成功。工作空间不再仅仅满足于功能性，我们更倾向于将其视为大家共享的、而不是等级分明的空间。企业文化也不再仅仅关注生产力，而是将注意力转向人力资源的创造性和创新的潜力，将个人的健康和舒适视为其关注的焦点。

这个项目尝试将在其周围环境中相互分离的功能结合在一起，变成一个整体，同时保有"殖民地"的概念——一个完整、独立、特色鲜明的"建筑殖民地"。工作空间和生活空间相结合，构成一个独立的有机体。如今的工作模式不断变化，越发灵活，不再注重形式，不必有一个固定的工作地点。这使得这种空间布局成为可能。因此，工作空间的设计也更灵活，基本上任何一个空间都可以，不必有任何特定的布局，这样才可以适应功能上临时的变化。工作空间甚至可以变成生活空间，反之亦然，或者工作和生活这两种活动可以和谐共存。每个房间基本都采用开放式空间布局，带浴室，在工作空间和生活空间之间不做区分。

室内空间充分体现出灵活性和不确定性，而交通循环空间的设计却十分清晰、明确，充满着理性，并且充分考虑到日常活动需求和人性化的体量。空间关系以人为本，比如说，你在这里完全感觉不到车辆的存在。

工作空间和生活空间变得更具居家氛围——根据"建筑品质取决于其内部空间的品质"的建筑理念。私人空间与公共空间的衔接通过巧妙布局的渐进式过渡空间来处理。

跟室内空间的灵活性和不确定性相反，室外则试图通过借鉴不同的建筑原型来营造丰富的环境体验，尽管这些建筑造型比较简单，色彩和材料也比较单一。园区内的各个小环境有着不同的名称，也有不同的功能，满足不同的活动所需，包括道路、集会、散步、观景、眺望等。设计师尤其注重细节的把握和各种元素之间的关系。

在这些小环境中，各种建筑元素彼此协调共存，同时各自又有着自身的作用：双层表皮的外立面是个过滤层；庭院还起到采光井的作用；悬挑的屋顶保护着下方的空间免受日晒雨淋，同时，屋顶上也是休闲放松的场所，其表面还能够收集雨水；藤架可以用来过滤太阳光线；围墙是限定边界的元素等。这些都是人类需要发送与接收的信息，而这些信息只有通过"建筑语法"才能转变成具体的、有意义的、实体的元素。

参考文献：
1. 阿德里亚诺·科诺尔迪（Adriano Cornoldi），《住宅建筑——舒适的设计》（Architettura dei luoghi domestici. Il progetto del comfort），Jaca Book出版社，米兰，1994年出版。
2. 皮耶路易吉·尼考林（Pierluigi Nicolin），《建筑元素》（Elementi di architettura），Skira出版社，米兰，1999年出版。

上海文化信息产业园B2地块

项目概况

开发商希望文信园的建筑是能体现江南意境的新中式风格。但问题是，我们的确身在江南，但这个江南在事实上和那个经由无数画家、诗人笔下渲染的旧江南已经毫无关系了。

这个江南不再依靠水运展开城市，而城市也不是逐家逐户慢慢经营而成的。木结构已经被混凝土施工工艺所取代。推土机可以将微妙起伏的地貌铲成平地。建筑师、工人、甲方乃至客户，都离那个旧江南很远，他们都是新人，被现代文明异化的新人。

新人通常有两个办法在当下去展现那个模糊的旧江南，一是模仿，用现代技术削足就履地将原本可以大一些的空间缩减适应旧江南的尺度，或者根本在庞大身子上顶个猥琐的瓜皮帽，怎么看都有些滑稽。二是用现代建筑加诸或多或少的符号来暗示那个渐行渐远的江南。这种暗示更多是无可奈何和被迫的，它根本就是新的建筑殖民在旧江南的领地做出的一些亲善的姿态罢了。

无论如何，新人都无法再造那个旧江南了，一切都改变了，甚至连看建筑和场地的角度以及思考方式都和旧人不同了。

概念与构思解析

旧江南那个丰富的街巷和城镇意象由两个要素控制并创造。一个是曲折的水系形成的复杂边界，它是江南水乡的"势"，正是这个"势"最终创造了江南鳞次栉比和曲折幽深的水乡意境。第二个是可无限复制并纵向延伸的"间"。"间"是由旧时的技术和材料所集约成成的江南建筑最简单的基本单元。

简单的"间"依据复杂的岸线展开并向纵深延展，曲径通幽的街巷空间其实是被蜿蜒延绵的河道所控制的。在旧江南，河道才是真正的交通干道，而陆路的街巷则仅仅是辅路。所以，它可以被侵占和挤压。最后，江南的街巷是被不同领地的私人空间向外膨胀后形成的约定俗成的边界，正是私人利益之间的妥协形成日后街巷的尺度。

旧江南的空间体验，正是地貌的抗力和建造之间的恰到好处的平衡，正是私人空间最大占据公共空间后不同领地之间的平衡所构筑的，旧江南的愉悦和美感是存在于不可见的制约平衡中而极致的。

现在，这个看不见的平衡被破坏了。因为我们的技术能力极大地克服了地理地貌的抗力。我们依赖公路而弃水系于不顾。旧江南的物质和技

术基础已然不存在，皮之不存毛将焉附，谈什么新旧江南都是自欺欺人。

在文信园，我们面对的就是一块熟地，一块平地，没有一丝地理地貌的依据和约束。我们依赖的是工业化的建造技术，完全可以藐视基地地貌那卑微的反抗。但问题是，我们的力量大大地超过了基地的抗力时，旧江南的那种微妙的基地和技术之间的平衡也就无法实现。我们如果按前文所说的两种方法去创造新江南，那个新江南也只不过是个幻影罢了，这样的建筑没过多久就会消失。

形态与布局分析

业主希望在B2地块有12栋办公建筑。对于容积率1，建筑之间会显得不那么宽裕，但也不算挤。没有冲突但更不会无关，总之，是一种平庸松弛的关系。

我决定先把旧江南的视觉意象搁置一边。而去创建针对文信园，新的"势"和"间"。希望这样的出发点可以发现构建新江南的第三条办法。

我们先用3乘3构建了新的"间"。这符合当代工艺3模的习惯。而3米也是许多规范控制间距的最小尺寸。但新的"间"和传统的"间"不

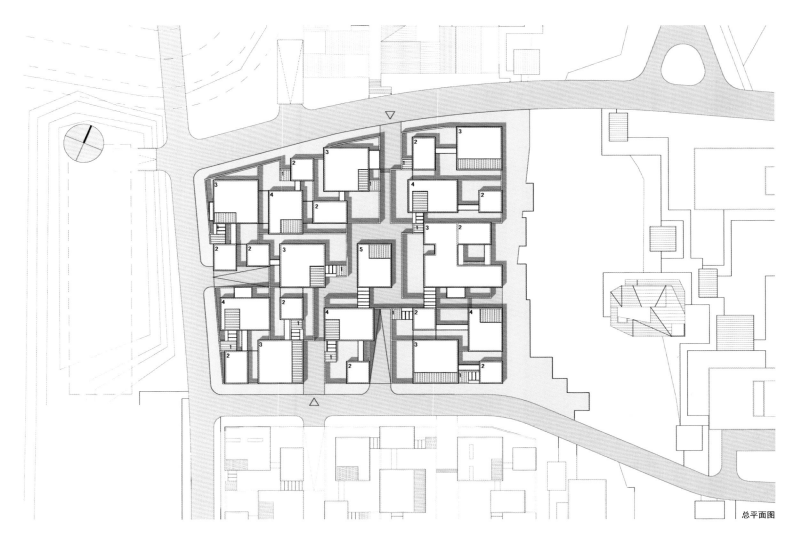

总平面图

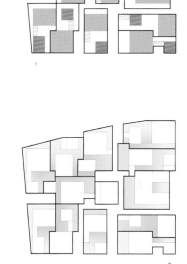

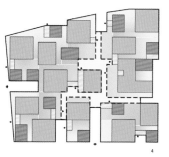

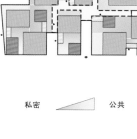

私密 公共

生产区

商务区 生活区

分析图

同，它可以在两个维度上均质延伸。建筑主要空间的柱距可以经济地控制在6米乘6米或乘12米上。而辅助空间则可以控制在3米乘12米上。新的"间"固然符合当代工业的模数和施工习惯，但无法形成旧"间"所具有的丰富的坡屋顶，那就索性平顶。

但我们最需要发现新的势。最后决定在规范的极限上去构筑这个"势"。我把12栋建筑拆成12组建筑。每组建筑都是由两栋楼和入口门厅以及围墙组成的一个有院落的微单元。这些建筑需要利用连廊和楼梯来联系在一起而达到消防规范关于多层建筑的防火分区和疏散设置的极限配置。同时多出来的楼群之间的消防间距也按规范控制到最小。就这样利用规范的边界条件而创造了新的"势"。这新的势和间将12组建筑的关系挤压到刚刚平衡的点上。院墙、窄巷、庭院、连廊均退无可退，进无可进。突然，旧江南的空间体验就这样产生在一个思路全不同的新建筑组群之中。

在揣摩了江南水乡的色系后，估算出7白3黑的配比，因而将一部分建筑的外墙以深灰色树木覆盖，在整体观感上呼应了旧江南的视觉习惯。

在这群建筑中，设计师安置了一个制高点，一个五层高的建筑，它统领了街巷和天际线。它的底层是开放的，成为这个微型城镇的舞台和中心。它完成了塔和社戏舞台作为旧江南的地标以及社会中心在新江南的转译，它其实就是在使用方式上不同于其他院落的独立办公楼。我用薄脆的云纹玻璃包裹了它，削减了它的体积感，但制造了足够的戏剧性效果。

总结
这个新江南具有的规范的"势"和"间"不同于旧江南的"势"和"间"。也没有刻意去模仿和制造符号。但正是发现了旧江南的美正是建立在蓄"势"而发和"间"不容隙之上。所以当以新的"势"和"间"去再建一种新的平衡，这种平衡所创造的微妙的场所感恰恰和旧江南非常相似。这便是新江南。完全可以脱去模仿的幻影或者符号的梦魇。

项目信息：

项目地址 中国，上海，嘉定，马陆

设计师 俞挺、徐晋巍

竣工时间 2012年

用地面积 7244平方米

建筑面积 11824平方米
（含地下建筑面积4737平方米）

容积率 0.81

绿化率 34%

建筑密度 8.9%

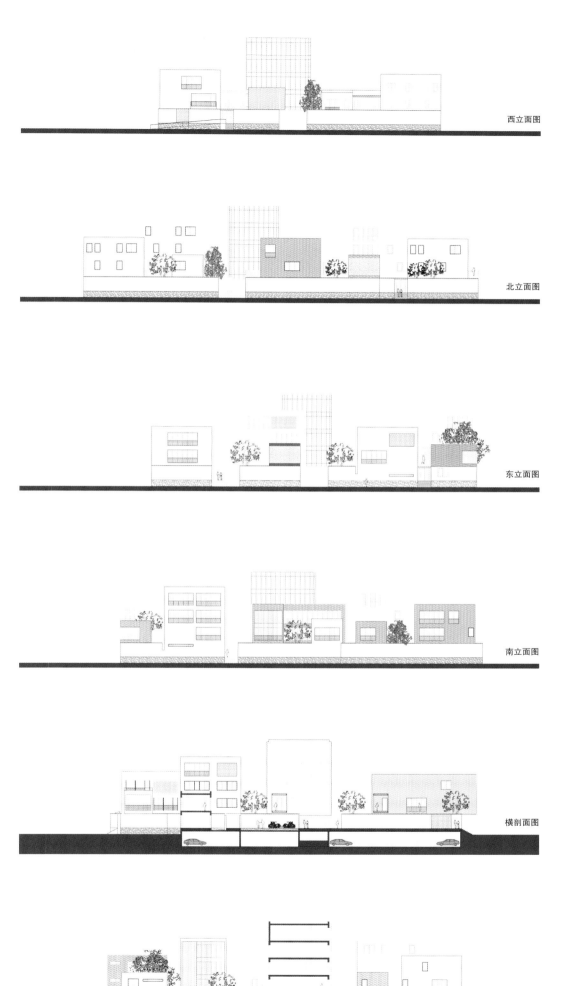

西立面图

北立面图

东立面图

南立面图

横剖面图

纵剖面图

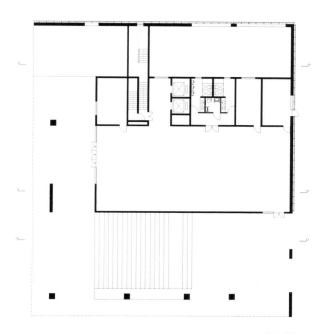

一层平面图

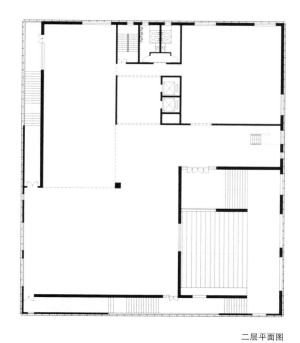

二层平面图

三层平面图

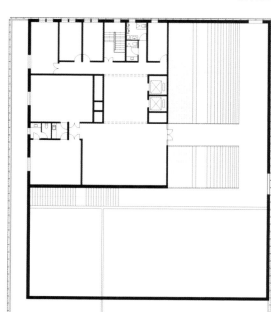

四层平面图

白色立方体与
工业建筑的碰撞

评悦·美术馆

评论：（法）多米尼克·雅各布（Dominique Jakob）、
布兰登·麦克法兰（Brendan MacFarlane）

多米尼克·雅各布（左）和布兰登·麦克法兰（右），巴黎雅各布+麦克法兰建筑事务所（Jakob+MacFarlane）联合创始人。该公司涉猎建筑设计和城市规划领域，其作品侧重探索数字技术在设计中的应用——既是形成设计理念的一种工具，也是一种生产方式，旨在为打造更加灵活、更具适应性的环境提供新的方法。

该公司的许多作品都在世界范围内发表，其中主要包括：蓬皮杜中心餐厅、巴黎混凝土驳船装卸仓库、巴黎赫罗尔德百户住宅（Herold）、2010年里昂"橘色立方"（Orange Cube）和2013年奥尔良FRAC建筑博物馆等。目前正在进行中的项目包括：欧洲新闻电视台里昂总部（Euronews）、比利时克诺克–海斯特市中心规划（Knokke–Heist）、受邀参加的印度孟买某纪念馆竞赛以及大巴黎新地铁站。雅各布+麦克法兰建筑事务所的作品在国际上广泛发表，广受关注。

这栋砖结构建筑充满了过去的回忆……厂房里曾经生产什么？谁曾在这里工作？今天它是一个沉默之物，但是它一定曾经充满了各种活动和声音。这个项目的美妙之处在于：现在它同时拥有这两个层次——过去的回忆与新的活动。两者都可见，但又同时与某种不可见之物有某种关联。这决定了这个项目中其他部分的基调。

如果你仔细看这栋建筑的外立面的话，会看到嵌入的混凝土线。这是古老的工厂车间楼板吗？如果是的话，还在使用中吗？以前是窗和门的地方，现在用砖和其他材料砌筑成其他的用途。我们能看到所用材料的外部，但其内部仍是不可见的神秘……

这个项目相当于在一个盒子结构内重新布置空间。这是一个朴素的纯白空间，横梁在多个位置穿透盒子结构，带来戏剧性的效果，也创造出一系列的功能区。这些小空间与美术馆的整体大空间形成对比——从老厂房的屋顶直到地面的通透空间，具有良好的可见性。这些横梁是类似桥梁的结构，但是这里，横梁的穿孔表面赋予它一种新的功能——你能透过它看到对面，对面的人也能看到你。有趣的是，

看上去好像这个美术馆的空间里原来就有这些横梁似的，这让展览空间不仅仅是另一个白色立方体。

这些横梁末端的开放式结构让光线能够穿过这些长长的管子，将阳光从外部引入室内，由此将各个服务空间与外面的城市环境直接连接起来，用简单的设想，引入外面丰富的世界。

这些横梁周围以及内部的交通空间，为空间中展出的展品带来戏剧性、多样化的视角。我们的感觉是，这个空间会更适合３Ｄ作品展出，３Ｄ效果更能显示出这类建筑空间的美感。

这个项目给我们的最后感受是它传递出来的一条非常重要的信息——它意味着我们能够设计并建造跟原有的城市脉络紧密结合而又非常创新的建筑项目。这种模式完全不是为了更好的经济效益而拆毁一切过去回忆的做法。我们相信经济上的成功能够与建筑上的完美项目共存，实现这样一种结果：我们在城市记忆的基础上建设未来。这个项目就证明了这样的路也能创造出未来。在商界这可以称为一种双赢的模式。

项目概况

该项目是一个位于北京798艺术核心区的美术馆,以其独特的空间方式加入到798众多的艺术机构的阵营之中。作为当代美术馆的配套,在这里,商业空间成为了美术馆不可或缺的一个重要部分。建筑的前身是一个典型的20世纪80年代初建造的厂房,18米X48米空旷厂房的主体为预制屋架结构,它只是798工厂其中普通的一个。在此基础上,使之改建成为一个以展览当代艺术为主的美术馆,原有的厂房早已终结了历史使命,作为标准化的并且普遍存在的厂房自身并无什么保留价值,在798艺术区的核心地段,却为当代艺术的展览带来了更多的便捷性。

空间构思

1. 植入内衬

在原有的厂房结构框架下,重新植入了一个全新的空间体,该空间体为了其自身的完整性,并没有和原有厂房建筑的外壳发生不必要的关联,使其成为了老厂房的全新的内衬,老厂房的外墙作为真实历史存在被毫无修饰的保留下来,为了获得全新的建筑定义,封堵了原有的均置的外窗,新的红砖被填补到旧的红砖墙体中,形成了新的质感,承载了真实的时间厚度,纯白色的建筑内衬与旧厂房的外墙形成了鲜明的对比

关系,使其从建筑的内部焕发出新的生命力。这是一股沉默在798的内在的力量。

2. 互反空间

在这个12米高的厂房空间里,为了展览空间的最大化,商业服务空间被插入了展览空间的空中,并将商业空间体反映到外墙的窗洞上,筒状的商业空间体透过与其相对应的外墙窗洞与室外空间形成的贯通的整体。自由插入的商业空间与展览空间形成了互反空间,对于展览空间而言,商业空间成了它的外部空间,而对于插入展览空间的商业空间而言,展览空间也成为了它的外部空间。它们互为反正,形成了相互生长在一起但又清晰界定空间体系。展览空间在保留了场地和视野的最大化的同时,产生了更具戏剧效果的丰富性,观众可以穿行于商业体之间,到达不同空间水平层面,在这个基座只有90平方米的旧厂房里,形成了可游走的山水空间意境。商业空间被完整的融入了展览空间体之中,透过渐透的筒状空间,感受着艺术的氛围。

3. 渐透的筒状空间

这个全新的内衬整体被设计成纯白色,为了给未来的各种艺术展留有更多表现力,同时这种纯白色更好的体现了建筑空间本身的特质,但这

并不能满足全部的需求,在商业与艺术展览被明确的界定的同时,也隔绝了两种不同属性空间的对话与交流,在白色的基础上,把商业空间的外壁设计成渐变的孔洞,这种渐变的孔洞使得商业体的筒状空间实体逐渐透明起来,使得商业空间与艺术空间的交流成为了可能,同时,这种渐透的交流也最小的干扰了艺术展览的纯粹性,原有的由白色墙壁围合的空间实体有了半透的新的材质感,观者在不同空间的隐约的活动影像中相互感受着不同。

点评

在建造新的世界的同时,尊重历史的真实存在。作为798的改建建筑,它自身已充满了特殊性,也使得该建筑必然要用特殊策略与特殊的态度去对待,798已不再是过去的电子工厂,作为国际著名的艺术区,它需要更多的活力。该建筑不只是对老厂房的简单的再利用,它还带有某种强烈的文化属性,试图将前卫、时尚与这个老旧的厂房联系在一起,相互映衬,这并不意味着旧建筑功能的终结与新建筑功能的建立之间产生矛盾,设计以此表明对旧建筑改造的坦然的态度,尊重现实的历史的同时,带来新的活力。旧的建筑改造不但没有阻碍时尚与前卫步伐,反而给新的建筑带来更多的可读性与历史的温存。

项目信息:

项目地址 中国,北京

设计师 陶磊、康伯州、赵明亮

设计公司 陶磊建筑工作室

结构设计 王庆海

竣工时间 2011年

项目功能 美术馆与商业服务

设计内容 建筑改建

建筑面积 1600平方米

摄影师 夏至

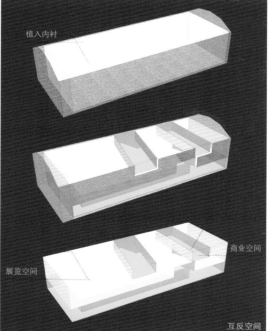

植入内衬

商业空间

展览空间

互反空间

展览与商业空间分析

商业空间平面分析

一层平面图　　　　　　　　　二层平面图　　　　　　　　　三层平面图

打造现代简约主义空间

评千渡馆

评论：（德）汉斯约格·格里茨（Hansjörg Göritz）

国际知名的建筑师汉斯约格·格里茨是美国田纳西州立大学建筑与设计学院建筑系教授。2011年8月，格里茨在德国威斯巴登博物馆（Wiesbaden Museum）举办了个展"石材与手绘"，内容包括格里茨25年职业生涯中的设计作品，尤其突出了他独特的设计过程和出色的石材建筑。这次展览展出了格里茨上百幅原创手绘图、研究模型、短片以及其他设计资料，包括获奖作品"列支敦斯登议会大楼"（National Capitol Forum and Assembly）。格里茨的建筑设计关注"空间的永恒现象"，尤其擅长石材的运用。他创办的公司汉斯约格·格里茨建筑事务所（Hansjörg Göritz Architektur）在国内外受到广泛关注。其作品曾在230种刊物上发表。曾受邀就他的作品做过70次讲座，参加过30多次展览。他参加约50个建筑竞赛中有20次获奖或入围。

2013年：
格里茨凭借在田纳西州立大学所做的"路易斯·康1953年作品'AAR住宅'研究——不朽之城中永恒的砖结构"入选罗马美国学院（American Academy in Rome）附属会员。

当代大量的建筑虽然表面上闪耀着光芒，实际上却不过是拙劣的模仿作品。中国是这样，全世界也是如此。在这种背景下，由"众建筑"设计公司（People's Architecture Office）打造的山西太原"千渡馆"（River Heights Pavilion）反其道而行之，以其低调、内敛的设计给人留下深刻印象。这样的风格当今很少见，因而是很珍贵的。尤其是在中国，建筑和城市化在疯狂发展，人们追求时髦和花哨的形象，几乎已经忘记了体面和信任，这样的作品尤其值得得到承认和深思，这决定了这个行业的前进方向。光鲜的外表往往比复杂的功能更吸引眼球，然而"众建筑"的设计似乎表明，他们有着理性的目标，那就是朴素和精致。在过于浮躁、功利的今天，这种态度令人眼前一亮，简单、轻松地做到了恰到好处地把握空间，用不着任何炫耀的手法。没有了表面的浮夸（省去这浮夸也不是那么容易），我们才能把注意力放在别的方面，才会去想：设计师是否在强调某种精神？这让我们好奇设计师做出这样设计的依据，我们很快会发现，这种简约主义并不是凭空而来的。

"众建筑"是北京一家新兴的事务所，有两条发展路线：建筑设计和产品设计。纵观这两条路线，能看出他们新颖、现代的设计手法。"众建筑"推行简约的设计、清晰的理念，超越表面形式——当代设计的普遍潮流，同时也可以说是一场灾难。"众建筑"的设计师好像清楚地知道，他们就是要与众不同。说起来容易做起来难。这不是简单地空口说说，给自己贴上标签就行的。"众建筑"确实是"人如其名"，从名字中就能看出他们强调"大众"，认为建筑是为大众服务的，似乎有重提现代人本主义运动的意思。他们将这种指导精神与当今世界面临的问题和我们日常的现实问题成功挂钩。同时，他们又谦虚地不以现代建筑大师的英雄角色自居。"众建筑"以调查研究和实验为基础进行理性的分析，而不是听信一家之言或者感情冲动。切实可靠是他们的追求，他们通常选择人性化的设计，而不是以形式为导向追求表面的吸引力。人们不禁要问，这么显而易见的信条为什么很少有人会遵循呢？我们只看到现在强调"以自我为中心"、"个人主义"和"异质性"的现代新巴比伦主义的图像泛滥造成的那些明显的问题，但是上述的信条跟解决这些问题不是一样重要吗？

在上述理念的指引下，"千渡馆"的设计体现出谦卑和低调，甚至成为现代浮夸设计的一个生动的反例。简约而实则丰富，复杂而又看上去简洁，"千渡馆"为完美的空间把握提供了一个切实的范例。最终的建筑既是针对这个项目的特定环境而做的独特设计，同时也可以视为放诸四海而皆准的标准。"千渡馆"位于山西省首府太原市汾河边，它是中国飞速发展的城市扩张的一个缩影——跟全世界一样，这里的发展也付出了低密度城郊扩张的代价。场地中央有一堵围墙，空间布局以此展开。然而，这样的场地条件也让我们对设计师的做法感到好奇：在有限的面积内，如何兼顾距离和可视性（入口通道较远）？场地的平面布局决定了这样的空间顺序：人们首先来到一个小广场，然后穿过一片灌木丛，来到不显眼的入口（隐蔽地设置在一个私密的小广场上），但是，设计师并没有靠这些来进一步证明他设计理念中的建筑环境私密性——"千渡馆"提供的项目图片中并没有凸显这些，西侧的小树林在照片中也没有特殊强调，没有说树林对休闲区和倒影池起到缓冲器的作用。上文提到的汾河也没有强调——即使这条河流是环境中的重要景观。环境，环境！在这方面，该项目不幸也遇到当今常见的问题：采用大量唯美主义对象，却不能从视觉上解释这些对象到底给环境带来什么。我觉得这栋建筑在这个关键概念上也具备可夸耀之处。

高体块之间的露天平台，高体块局部内含通高庭院。这种形体功能的布置带来两种完全不同的空间体验：一是沿着体块方向，长条纵向的深空间，视线可以毫无阻挡的穿透建筑，看到室外的城市环境；二是垂直于体块的方向，平行多层的浅空间，视线能够穿透一层层的浅空间，甚至还能在水平和垂直方向上斜向看穿各个体块的空间与功能，形成室内、室外、再室内、再室外的多重视线穿透效果。

室外景观延续了建筑的条状形态：地形被与建筑体块同宽的线切分开，高低起伏交错，切开的侧面封修钢板。

地形之上种植着成片的团状地被花卉，同时点缀丛生的高大白桦，相互映衬。

总结

设计中对"社会"、对"人"保持了一种持续的关注，这也是对当下中国设计现状的一个反映。也是对过度关注建筑形式和风格的设计的一种批判。

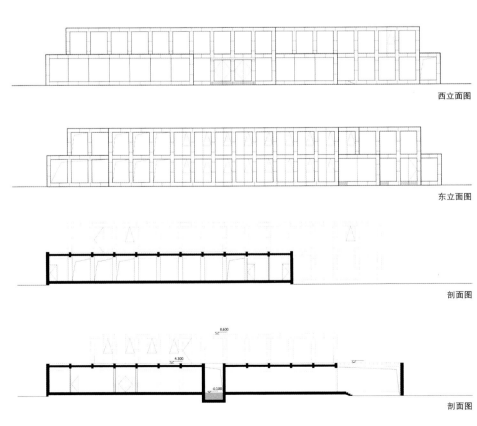

西立面图

东立面图

剖面图

剖面图

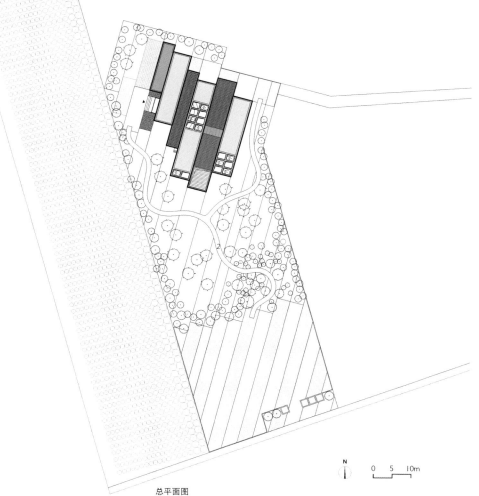

总平面图

在千渡馆中，这种关注主要体现在一系列人的行为及其与空间之间关系的讨论之中，如从室外如何看见室内、从室内如何看见室外，从内院如何看见屋顶平台的人、从屋顶平台如何看到内院的人，参观的人如何看见办公的人、办公的人如何看见参观的人，办活动的时候各种空间如何相互联系，人们怎么偶遇等。我们充分想象了这个空间中所能发生的事情和它们因此产生的结果，并且鼓励更多的联系和可能性。以上这些种种关系的整合构建出了这个建筑物，也反映了设计师对"人"和空间关系的理解。

而目前常见的设计现状是对"人"的忽视，无论是将建筑（或产品）理解为一个抽象的雕塑也好，一个传统的符号也好，或是一个炫目的消费品也好，它们都将设计最应该面对的"人"这个因素忽略了，也一起把人组成的"社会"放到了一旁。

项目信息：

项目地址 中国，山西省，太原市，滨河东路

设计师/设计公司 何哲、James Shen（沈海恩）、臧峰/众建筑（建筑、室内、景观）

设计团队 张明慧、刘秀娟、Jennifer Tran（陈珍妮）

竣工时间 2012年12月

业主 三千渡

项目功能 预制组装房屋

建筑面积 1800平方米

结构形式 混凝土、钢结构

摄影师 众建筑

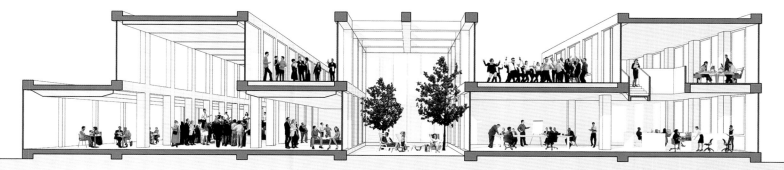

剖面图

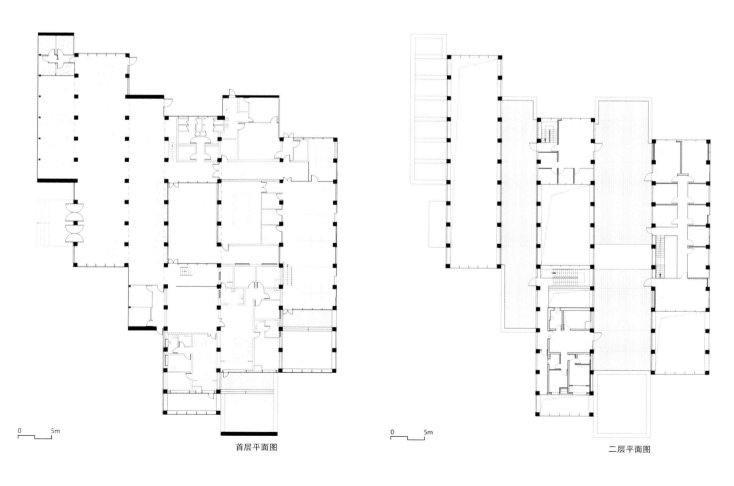

0   5m   首层平面图

0   5m   二层平面图

绿意环抱的办公环境

评华鑫商务中心

评论：（英）西蒙·吉尔（Simon Gill）

西蒙·吉尔系伦敦西蒙·吉尔建筑事务所（Simon Gill Architects）首席设计师。毕业于伦敦威斯敏斯特大学，曾获罗马建筑奖（Rome Prize for Architecture），曾入围英国皇家建筑师协会（RIBA）银奖。结束了在威斯敏斯特大学的短期任教后，吉尔在西班牙工作了一段时间，之后回到伦敦。

吉尔的作品在国际上各种杂志、报纸和网站均有发表，如英国《建筑师杂志》（Architect's Journal）、意大利《时尚家居》杂志（Bravacasa）、瑞典《新空间》杂志（Nya Rum）、《星期日泰晤士报》、《卫报》、《世界建筑新闻》和"建筑日

　　小型办公空间类建筑的特点，既不是建筑的品质，也不是诗意的想象，亦不是公共空间的宽敞。利益最大化的要求往往吸干了建筑的精血——否则的话，这类建筑本来是具备设计潜能的。而且，设计任务书的性质决定了它往往不追求脱离平庸和常规，尤其办公类建筑更是如此。但华鑫商务中心却不是这样。这个项目本来很容易流于千篇一律的普通办公楼类型，但它却超出了我们的预期，而且同时，呈现出与周围环境非凡的和谐共存。

　　华鑫商务中心的建筑架离地面，将建筑下方的空地归还给城市公共空间，阴凉的地下室可以用来喝咖啡或者品尝小吃，或者更简单——只是作为休息空间。细致入微的景观设计缓解了上方建筑物几何结构的僵硬感，并且美化了通向办公室的入口通道。整体设计手法的一大突出特色是保留了原有的八棵樟脑树，在此基础上形成了支离破碎但却连贯统一的平面布局。四栋大楼各自独立，但紧密联系成一个整体建筑群，分别与樟脑树的位置相对应，这些建筑本身甚至可以视为一片抽象的小树林。这些独立的建筑结构本可以轻易地连接在一起——那无疑会是成本更低、空间利用更有效的格局，但是，彼此分开来，无形中赋予建筑一种隐喻，效果要比前者好得多。

　　建筑和树木和谐共存，切实地证明了"整体大于部分之和"——树木的美吸引了人们的注意力，如果没有建筑物的话人们反倒不会注意到树木。其实这一点也有争议，因为即使不耗费额外的人力和财力将建筑架离地面，本来也可以达到上述效果，但是那样的话，无疑会损失掉一些东西。树冠与建筑物的有机融合、交相呼应比在枝干下建起长长的围墙效果要生动得多。此外，上楼梯的时候你会发现自己置身于枝叶的绿色包围中，让你想起童年爬树的情景，那种愉悦感恐怕也会失去。

　　外立面的处理进一步突出了这种环抱在绿色植物中间的感觉。办公楼的外表皮覆盖着扭曲的金属带，阳光和视线都能够透过这层表皮，就像树叶一样。这

记"网站（ArchDaily）等。他的作品还曾入围各大奖项，如《世界建筑新闻》年度住宅、《建筑师杂志》最佳小型项目和《新伦敦建筑》的奖项（Don't Move, Improve! Awards）等。

所获奖项包括2013年11月凭借"垂钓小屋"（Fishing Lodge）成为四个最终入围《世界建筑新闻》"年度住宅"的项目之一；2013年9月，吉尔入选《星期日泰晤士报》"英国25位最佳建筑师"；2013年9月他成为六位入围《建筑设计》杂志（Building Design）"年度住宅建筑师"（One-off House Architect of the Year）的设计师之一。

层表皮覆盖了全部建筑表面。事实上，在这层金属网上几乎没有开窗。这层金属网无疑降低了建筑吸收日光的热量，但也会让建筑略显冷漠无情。本来可以在特定的几个位置让办公室享有不受阻碍的视野——这些建筑物架离地面，视野会更好，而且周围也有远景可供欣赏。这层屏障也用来将建筑的基础结构隐藏起来——这一点可能也是个遗憾。建筑的形态提出了结构上采用对角支撑的要求，这一点本来可以利用，让建筑跟树木的枝干形成趣味盎然的组合——不过，这样也可能会破坏飘浮于树丛中的轻盈感。

办公室设置在每部分建筑物的末端，这样中间就留出开放式空间作为封闭式小花园。跟办公室比起来，这些小花园极其宽敞舒适，办公室和小花园构成一个和谐的整体。有些地方用石子铺装，有些地方设置倒影池，池中设有小径贯穿其中，将办公室连接起来。这种超现实主义的手法营造出"空中池塘"的梦幻景致，有些人也许会说有点做作，但是，这种强烈的效果是确信无疑的。穿过池中的小径，你会同时看到，在

你脚边，一边是清澈的池水，另一边，栏杆外面下方3到4米却是地平面。此外，水面上倒映出树木的影像，让绿意加倍呈现出来，而且使人感觉好像呆在树冠上一样，仿佛身处电影《阿凡达》中的场景。

水池的反射效果也延伸到建筑底层结构上来——每栋建筑物的支撑结构都用镜面覆盖。镜面上映出周围的景色，从远处看，这些支撑柱完全融入环境中了，让上方的建筑更有了一种飘浮的感觉。樟脑树也映射在镜子上，形成无数棵树的影像，强化了树林的感觉。其实尝试这种效果是有风险的，因为有的人看到的是镜子上映出的景物，有的人可能看到的是镜子本身，则立刻就会联想到乏味的商业办公楼的反光玻璃幕墙，尤其是离建筑很近的时候，更容易注意到材料本身。然而，不同的角度让镜面上的景象丰富多彩，消解了大体量办公楼的印象。的确，这些建筑物给人的感觉一点儿都不像办公楼——与其说是办公建筑，不如说更像大型别墅。在这样的环境里工作，必定是不同于寻常办公的一种享受。

项目概况

华鑫办公集群位于桂林路西，其入口南侧是一块绿地。这块绿地面向城市干道的开放属性，以及其中的六棵大香樟，成为了设计的出发点，并由此确立了展示中心的两个基本策略：建筑主体抬高至二层，最大化开放地面的绿化空间；保留六株大树的同时，在建筑与树之间建立亲密的互动关系。

形态与布局分析

建筑由四座独立的悬浮体串联而成。底层的10片混凝土墙支撑着上部结构，并收纳了所有垂直上下的设备管道，其表面包敷的镜面不锈钢映射着外部的绿化环境，从而在消解自身的同时凸显了地面层的开放和上部的悬浮感。四个单体围合成通高的室内中庭，透过四周悬挂的全透明玻璃以及顶部的天窗，引入外部的风景和自然光，使空间内外交融。沿着中庭内的折梯抵达二层，会进入一种崭新的空间秩序。四个悬浮体的悬挑结构由钢桁架实现，它们在水平方向上以Y或L形的姿态在大树之间自由伸展。由波纹扭拉铝条构成的半透"粉墙"，以若隐若现的方式呈现了桁架的结构，并成为一系列室内外空间的容器和间隔。穿行于这些半透墙体内外，小屋、小院、小桥，以及它们所接引的不同风景，将在漫步的路径上交替出现。大树的枝叶在建筑内外自由穿越，成为触手可及的亲密伙伴。

总结

在这里，建筑的结构、材质，和大树的枝干、树叶交织在一起，一起营造出一个个纯净的室内外空间。这些空间(屋和院)在时间（路径）的组织下，共同实现了时空交汇的环境体验。这是一件由建筑和自然合作完成的作品。

如果人以积极的方式善待自然，也会得到自然善意的回馈。21世纪的建筑不仅要回应人的需求，更要积极地担当人与环境之间的媒介。未来建筑的根本目的，是在人、自然及社会之间建立平衡而又充满生机的关联。我们希望通过这座建筑，启发我们思考人与自然、人与社会之间的关联。

项目信息：

项目地址 中国，上海，徐汇区
主持建筑师 祝晓峰
设计主管 丁鹏华
设计团队 蔡勉、杨宏、李浩然、杜士刚
竣工时间 2013年
业主 华鑫置业
项目功能 展览与茶室
建筑面积 730平方米
结构 钢骨混凝土剪力墙、钢桁架结构
主要材料 镜面不锈钢、扭拉铝条、透明及丝网印刷玻璃、实面及穿孔铝板、豆石、水

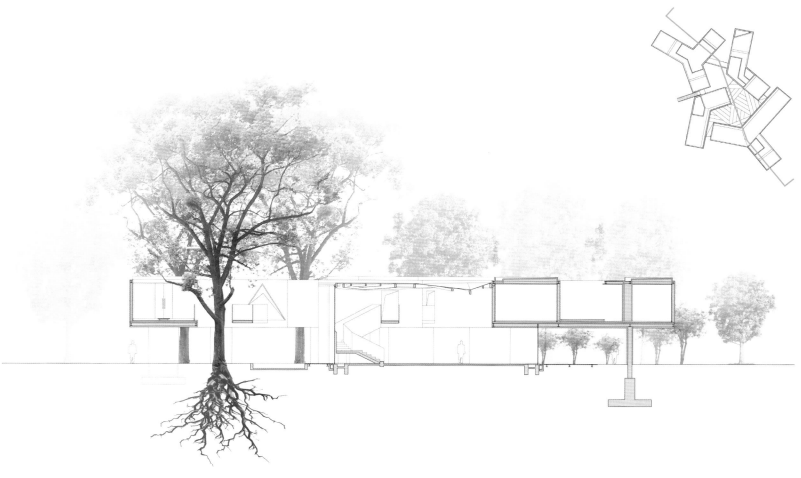

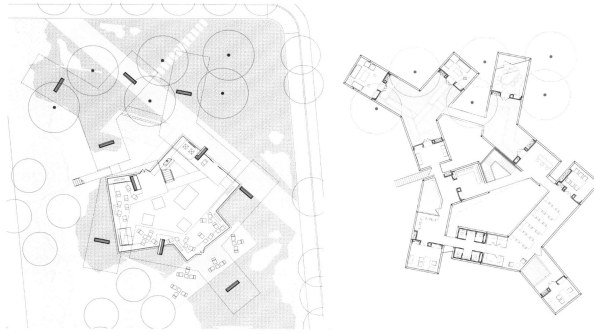

项目概况

这座小建筑是万科在青岛园博会期间的展示区，作为与旁边的游乐场地配套的咖啡厅使用。咖啡厅采用了半开敞半围合的形式以呼应旁边的室外活动场地，既让人们可以无阻碍地来到咖啡厅，也塑造相对内向型的咖啡厅空间；既提供正式的桌椅式座位，也有面向周围室外场地的非正式的座位，让人们可以自在地在游戏间隙享受咖啡厅提供的服务。

形态分析

花旗松木柱和木梁支撑起呈井字形排列的四片曲面屋顶，体现了木结构的构造美，营造出一种似乎可以飞舞的轻盈感觉。部分墙面用从工地回收的旧木头碎拼组成，充分利用材料的同时也创造出随意美观的效果，将节约的理念与轻松的美感融为一体。

可持续性解析

在使用方式和美的形式之外，咖啡厅还贯彻了低碳、环保、可持续的设计观。与钢筋混凝土不同，木材在生长过程中是吸碳材料，建造出这座最大限度低碳的建筑。木结构建筑大量使用预制规格材，减少了现场人工和湿作业，对现场环境的影响小，工人的劳动强度相对较低。

作为临时建筑，大部分的建材可以回收，梁柱节点也采用了方便拆装的连接件连接。园博会结束后万科计划将它们送到其他项目继续使用。希望这座小小的咖啡厅为参观园博会的人们提供休憩场所的同时，也让大家感受到环保木建筑的美。

总结

建筑活动对整体环境的影响是很大的，建筑的可持续性越来越受到关注。木结构在这方面有天生的优势。树木在生长的时候是吸收二氧化碳放出氧气的，但随着年龄的增长，这种能力也在慢慢变弱，如果最终任其倾倒腐朽，那树木一生中吸收的碳又会被释放到大气中。但如果在成材后将树木制成木建筑或者木产品，吸收的碳就会被固化在这些建筑或产品中，同时再原地补栽新的树木，只要栽种量大于砍伐量，这就是一个可持续的过程。并不是一般理解的木建筑就是要砍树，就是不环保的。

实际上，北美和欧洲的环境在很大程度上也得益于他们可持续的林业。木结构在材料上是吸碳的，中和考虑运输和建造过程的碳排放，木结构是最有可能达到零碳排放的建筑。而且对于环境其他方面的影响，比如水污染，能源使用效率等，相对于混凝土和钢材，木结构也有很大优势。

项目信息：

项目地址 中国，山东省，青岛市
设计公司 SLOW 建筑师事务所
竣工时间 2013年
建筑面积 约300平方米
摄影师 周若谷

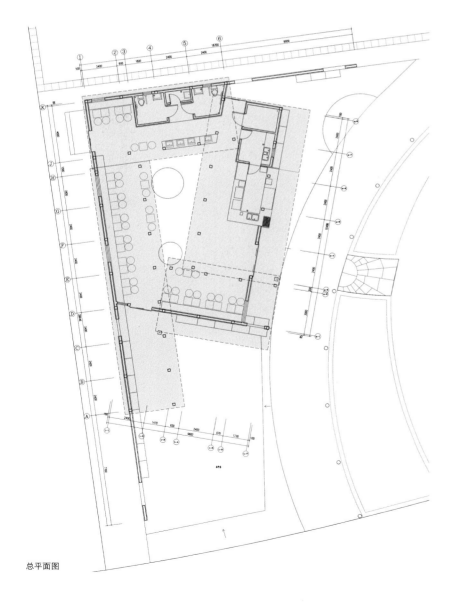

总平面图

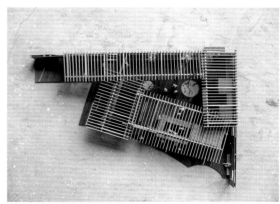

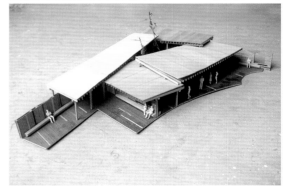

崛起的"绿色巨龙"

评多利有机生态农庄

评论:(法)尼古拉·齐泽尔(Nicolas Ziesel)

尼古拉·齐泽尔,法国建筑师,现居巴黎。1999年,齐泽尔与克里斯托弗·乌阿雍(Christophe Ouhayoun)联合创办了KOZ建筑事务所(KOZ architectes),之后设计了圣克鲁运动中心和休闲中心(Saint Cloud Sports and Leisure Center)等一批优秀项目。

2001年,齐泽尔与人合办了PLAN01综合性设计工作室和PLAN02环境工程工作室,开始承接各类项目,从图书编辑到组织青年建筑师竞赛,也包括具体的工程,比如蒂耶普瓦勒纪念馆游客中心(Thiepval Memorial Visitor Center)、旺代历史博物馆(Vendée Historial Museum)、雷恩火

提起中国上海,大量超级现代都市的画面就会浮现在我们的脑海里:高高的吊车、摩天大楼、交通拥堵、灯火通明的夜晚、追赶时髦的商场、奢华的游艇、在外滩玩耍的青少年、浑浑噩噩的幻想、行色匆匆的白领,等等。

21世纪确实是新超级现代都市的世纪;激烈的竞争和高速的超链接,很快就为来自全球各地的市民所熟悉。对于大部分外来人口来说,生活是很辛苦的。这样的都市也是"脆弱的巨人",在很大程度上需要依靠工人、资金、货物、食品等的不断流动——这些都来自各种遥远的地方。如果这个链条瘫痪了,我们就要挨饿。即使这个链条正常运转,我们也可能会生病,因为现在我们吃的、穿的、用的一切一切都含有未知的化学物质。我们很可能本身就在不明就里地加重这个世界某些地方的环境和社会压力。对于地球给予我们的东西,对于辛勤劳作换取这些东西的人,我们越来越不知感恩、漠不关心了。

全世界越来越关注这些问题,并在积极活动,研究、实验、提出大胆的提案,以期找出能够解决这些问题、实现可持续发展的方法。有些活动是官方的,有些是私人的,甚至有些是非法的!提出的方法有时很科学,但却不吸引人;有时则相反。

多利有机生态农庄(Tony's Farm)以其朴素、实用而又振奋人心的设计,给我们带来另外一些方法。

多利农庄是上海最大的运作中的有机食品农庄。农庄的主人创立了多个项目,由瑞士Playze建筑事务所设计。这些项目形成一张关系网,以期将市区内的消费者和他们所吃的食物生长的地方紧密联系起来。多利农庄是这张关系网的核心。在本案中,业主和设计师建立了彼此忠诚、信任的合作关系,这是很少见的,也是很珍贵的,也许这能够解释为什么本案处处令人能感受到和谐与平衡。这是一个有着牢固基础的地方。

多利农庄位于上海以南的浦东平原上,这里曾经堪称"乡村威尼斯",但现在却成了城郊发展扩张的牺牲品。水元素的运用旨在营造传统中式园林的景致。但是,农庄能是园林吗?对于到此游玩的上海居民来说,或者对于农庄未来兴建的酒店的住客来说,

葬场(Rennes Crematorium)等。2007年，齐泽尔又与人合办了"法式触碰"综合性设计工作室(FRENCHTOUCH)，旨在在国际上推广当今法国建筑的特色。"法式触碰"工作室编辑了《乐观主义建筑年鉴》一书(Optimistic Architectural Yearbook)。

齐泽尔担任了2008年威尼斯建筑双年展法国馆的联合策展人。2012年以后，齐泽尔一直在法国的巴黎-贝尔维尔建筑学院和里尔建筑学院任教，并且在法国国立工艺学院(CNAM)工程学院教授"可持续城市化"课程。齐泽尔还为巴黎附近的小学生以及孟买和贝尔格莱德的建筑系学生举办讲习班。

多利农庄当然可以是园林！传统观念的转换也体现在农庄入口处的建筑上——没有什么能比船运集装箱（象征着世界贸易）更不"有机"了，但是这却是本案中最主要的砖石建筑；封闭、穿孔、掏空、开放、堆叠、悬挑等手法尽显其能。这种多样性带来丰富多彩的空间。良好的采光、强烈的归属感，这都超出了人们对如此低等的材料的预期。

天然材料的粗糙感转而成为舒适、环保的建筑。设计师选择了当地的竹子地板以及高效的供暖、通风和人工照明设备，集装箱原装穿孔门的使用带来强烈的美学表现（用于暴露在阳光下的外立面上的遮阳装置）。建筑漆成绿色，仅仅是为了跟旁边的白色建筑形成对比吗？或者是从风水的角度考虑——这栋建筑位于农庄东部，也许绿色是这个方位的风水色？你会感觉这里设计师的每个选择都一定是经过深思熟虑的，同时也没有忘记简约性与趣味性。

集装箱组成的迷宫下方是一个美观的木质平台，就像一座寺庙一样。平台上有庭院、空地、走廊等空间，作为室内空间的外延，过渡到农庄的河道和温室，同时提供了舒适的户外休闲聚会场所。集装箱结构取代了原有的仓库，水果和蔬菜都储存在这里。因此，入口的这栋建筑可以说让游客能看到食物从生长到储备的全程过程，成为多利农庄"短道巡回"理念有力的代言，同时也将这个高效的操作流程呈现在大家面前，这流程对农产品和将要享用这些农产品的人充满敬意，给人带来一种静谧的美感和一种分享感。

建筑的天然原始之美与果蔬的天然原始之美相得益彰。

项目概况

多利农庄是上海最大的有机食品农庄，其产品包括国家环保总局检验认证的各种有机蔬菜和水果。在多利农庄的发展蓝图中，成为一个蔬菜生产基地不只是她的全部目标，这里将建设为上海一处引领自然生活方式的新地标。

这座建筑是一个整合了接待区、门厅（未来可为酒店客房服务）、贵宾区、农庄新办公区和食品包装车间的综合体。Playze在设计中将农庄的生产活动和参观者的体验密切地联系在一起。

生产流程处于一个通透环境中，参观者可以仔细观察操作的每一个环节，提升对农庄产品质量的信心。可持续发展方式和对于质量的不懈追求相结合，形成多利农庄的核心精神，这也是设计中始终坚持的核心理念。

空间概念

为了将室内外的不同功能在实际使用上和视觉上建立一定的联系，建筑设计为一个连续的空间序列，当参观者穿行于建筑和场地时，空间序列的发展逻辑不易被察觉，这需要参观者自己去体验并发现。建筑二层的平台系统不只是作为交通空间，还是室内空间的延伸和休闲区。为了满足业主在自然环境中工作的愿望，室外平台可作为户外的会议区，并可灵活实现其他的一些活动。这样，特定空间的使用也可减少。

在项目中，建筑与环境在空间上所要建立的直接联系，是食品生产的工业化特征与周围农庄环境之间的虚拟对话。通过创造不同类型的视觉连接，设计的总体策略得以实现。

集装箱具有标准化的特征，这与对不同空间的适应度要求相背离，比如入口、庭院、办公、室外平台等都需要不同的空间处理方式。景观方向、功能要求和空间序列，建筑在这三个因素的界定下呈现了不同的空间状态。即使这样，空间框架仍然采用了具有标准尺寸的集装箱。

集装箱的摆放方式总体上遵循了使用空间和气候条件的需要。悬挑部分醒目地提示了场地的主入口，参观者由此进入建筑内部到达接待台。一个由三层集装箱垒起的大堂构成了建筑的核心空间，穿过大堂，参观者就来到了内院，在这里等待的电瓶车可将他们带到酒店客房，或农庄的各个角落。

建筑的第二层通过两座天桥与办公区相连，这部分建筑被保留的厂房建筑覆盖着。厂房的东立面已经移除，所以新增加的集装箱办公室位于现有厂房屋面的下方，并在面对生产区的位置形成了新的内立面。

项目结构

由于气候条件的影响，建筑需满足防渗、防漏、保温、隔热等各项要求，为了保证集装箱的纯净外表，设计中发展了大量的特殊节点。这些精巧的节点与相对粗犷的集装箱构件形成了鲜明的对照，比如在室内可看到的集装箱框架组合梁。此外，由于集装箱不规则的布置方式，其模数化的系统甚至受到了一定的挑战。

集装箱的结构逻辑是一个框架盒子，其六个方向上的面都可以打开或保持封闭。针对不同的空间形态，这个特征被灵活应用，并最终整合在一个完整的结构体系中。在入口部分，辅助的支撑结构被优化到最小尺寸，以突显集装箱"悬浮"的状态。为了消减盒子的封闭感，三层高的垂直空间分别向三个方向打开。在内院部分，二层的平台即成为下方开敞空间的屋顶，并在设计中引入了一些类似连廊的中式庭院形态。

项目意义

为了实现业主对于环境保护的强烈愿望，项目中采用了一些针对性的策略以减少建筑能耗。整个建筑体都采取了保温隔热措施，即使这样，集装箱仍呈现了它初始的状态。

集装箱的门扇在打孔之后安装于朝阳的立面，作为建筑外遮阳，以减少太阳辐射热，同时，有一台地源热泵设备为空调和地暖提供能量。可控的排风系统帮助优化空气交换的比率，减少能量的损失，LED光源设备的广泛应用也减少了电量消耗。

项目的另一个目标是——减少隐藏在建筑材料中的能耗，就是所谓的"灰色"能量。所以，可回收的、生态可持续的、速生的或者可循环再利用的材料得到广泛应用。货运集装箱被合理地使用，首先，因其结构能够独立支撑，其次也隐喻"可再利用的空间"。尤其是轻量化的集装箱结构使对原有基础承台的再利用成为可能。速生的本地材料竹子应用到室内和室外的地坪，以及固定家具。以上所列举的措施使项目成为了一座真正的具有可持续性的建筑。

项目信息：

项目地址 中国，上海
设计公司 Playze建筑事务所
设计团队 何孟佳、帕斯卡尔·伯格（Pascal Berger）、马克·施米特（Marc Schmit）、艾哈迈德·胡斯尼（Ahmed Hosny）、安德列斯·托瓦尔（Andres Tovar）、徐叶、吴美君、唐敏、塞巴斯蒂安·海夫蒂（Sebastian Hefti）

竣工时间 2011年7月
业主 多利有机生态农庄
建筑面积 1060平方米
集装箱数量 78个
摄影师 巴尔塔兹·科隆戈（Bartasz Kolonko）

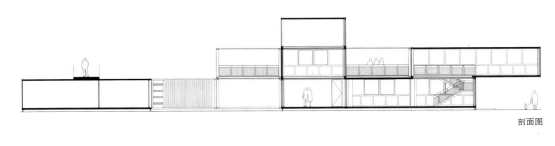

剖面图

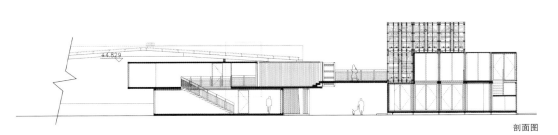

剖面图

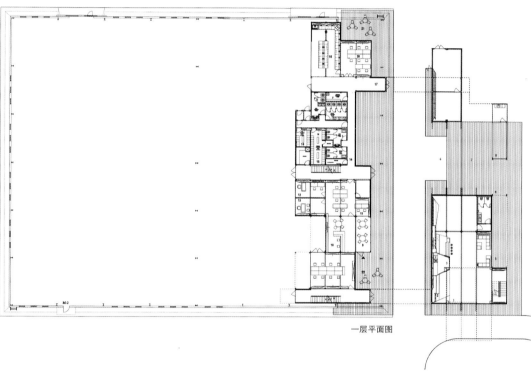

一层平面图

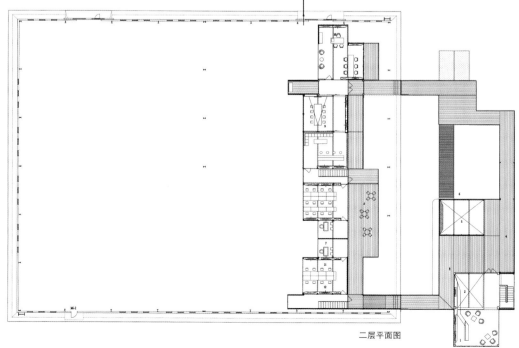

二层平面图

"超循环性"住宅系统的优势与发展

评WFH住宅

评论：（西）塞萨尔·加西亚（César García）

塞萨尔·加西亚，1973年生于西班牙马德里。在马德里理工大学求学期间，加西亚就曾经受邀到阿根廷圣斯安国立大学（UNSJ）任客座教授。之后，加西亚又到意大利威尼斯建筑大学（IUAV）求学一年，后来回到马德里，于1990年作为一名建筑师荣誉毕业。之后，加西亚受雇于卡诺·拉索建筑事务所（Cano Lasso Architects），直到1999年迁居荷兰阿姆斯特丹，加西亚加盟了荷兰CIE建筑公司（De Architekten Cie），并作为一名自由设计师加盟了厄尔汉城市规划事务所（Urhahn Urban Design），任城市规划师。

2002年，加西亚与合伙人帕斯·马丁（Paz Martin）在鹿特丹共同创立了自己的公司"封德塞"（fündc，www.fundc.com）。同时，加西亚还在代尔夫特理工大学（TU Delft）任教。2008年，封德塞公司迁至

2012年江苏无锡的WFH住宅把绿色集装箱房屋的新型建筑带到中国。这种预制组装房屋是由哥本哈根Arcgency建筑事务所、丹麦埃斯本森工程咨询公司（Esbensen）和丹麦理工学院共同为"世界组装房屋"公司（World Flex Home）设计的。本文拟引用网络上的各种表述，并分别详细予以评述。

"Arcgency建筑事务所推行的'资源意识建筑'（Resource Conscious Architecture，简称RCA）可以运到世界各地。Arcgency事务所的'资源意识建筑'理念是建立在深入研究的基础上的……"〔引自Arcgency事务所网站：www.arcgency.com，简称ARCG。〕

Arcgency事务所似乎偏爱首字母缩略词。他们的"资源意识建筑"也是一种缩略和简化。然而，这并非古老欧洲的传统，古欧洲喜爱"手工的"、"艺术品"一般的建筑。这种缩写在科技界倒是比较常见，比如说"激光"被缩写成"LASER"、"二进制"被缩写成"BIT"、"项目管理"被缩写成"MBP"……现在人们发短信也喜欢用这种简化，比如"ASAP"表示"尽快"，"LOL"表示"大笑"等。

Arcgency事务所将他们的设计方法视为一种发明，一种新表现形式，这一点就将他们与具体情况具体分析的那种设计隔离开了，让他们进入了"工业生产"的模式。这一点是理解Arcgency事务所设计的关键。

"它不只是建筑；它是一种可持续产品……一种专利模块化建筑系统……"（引自Arcgency事务所网站）不只是建筑……而是产品。真的是这样吗？也许产品和建筑已经是反义词了。直到今天，大部分建筑都是为某一个特定地点而设计的，有着特定的要求，解决特定的问题。建筑能是产品吗？产品就意味着大规模生产吗？也许不再是这样了。

"在建筑的建造过程中，消耗了世界上很大一部分资源。作为建筑师，我们有责任创造一个更好的世

马德里。加西亚也自2009年起在马德里欧洲大学（UEM）第三建筑研究室任教授，目前正在进行其博士研究课题"建筑的跨学科教育——新型建筑师"。2001年，三位建筑师在鹿特丹萌生了建立封德塞公司的想法。按照他们的设想，这是一家融多领域于一体的设计公司，汇集各类专家、技术和理念，目标是打造新型的环境、空间、产品、设计等。在他们看来，城市规划、建筑、室内设计、平面设计、美术、电影等领域都是整体的一部分。

封德塞公司在中国、瑞士、意大利、荷兰、西班牙等国设计过多个项目。加西亚也曾在荷兰、奥地利、西班牙和意大利授课，在西班牙、荷兰、意大利和中国做过演讲，他的设计作品曾在荷兰和西班牙展览，并在西班牙、德国、日本、荷兰、意大利、中国和韩国的刊物上发表。

界，不过度消耗自然的更好的城市。Arcgency建筑事务所利用新的建筑方法设计并建造可持续建筑，并且思考有关建筑的生命期和再利用的问题。"（引自Arcgency事务所网站）

这样的方法无疑会让建筑施工更加高效。但是同时，能不能不丧失赋予建筑物特点的美感和技巧呢？

"我们坚信：更好的设计也会更持久，产生的废弃物也更少。"（引自Arcgency事务所网站）这就是Arcgency事务所打败伪建筑工程学的地方；后者力图达到美国绿色建筑委员会LEED十级认证，却不顾设计美学。[1]

兼顾科技与美学、科技与实用，这一点至关重要。科技世界近来正在向我们证明这一点。任何企图让建筑追赶上科技进步的尝试都是关键。

"Arcgency事务所是CONCITO——丹麦的'绿色智库'——的一员。能够为向着创建丹麦以及世界其他地方的'环境零伤害'社会进行低成本的过渡，我们为自己的努力而欣慰。"（引自Arcgency事务所网站）

但是绿色和可持续设计不应该只停留在LEED绿色认证这一标准上，或者只是简单地把公司的LOGO从红色变成绿色这种表面做法。我们应该走得更远，明智地从过去的"环境被动式"建筑传统中吸取教训，然后将其彻底改变，与当今后工业时代的优势相结合。

建筑师是少数几个可以横跨技术与艺术、历史与现代的职业之一。专业建筑师具有让这两个世界完美联姻的才能。

Arcgency事务所通过采用工业组件的方式已经在这么做了。他们不仅仅是用集装箱打造"积木式"的绿色、高效的建筑（下图），而且是"在建筑上走得更远"，并且提出了可以丰富人们居住选择的房屋模式，引发出新的居住和互动方式，这已经不仅仅是建筑工程了，就像iPhone不仅是技术，而是将技术融入其中。

– 太阳能板，30平方米（屋顶朝南）
– 绿色屋顶
– 雨水收集到地下储水池
– 天窗

– 优质隔热墙，350毫米
– 竹子外立面（外立面的结构可以调换）
– 开窗有利于不同方向的采光

– 集装箱或者灵活的钢框架结构
　（可以像国际标准集装箱那样运输）
– 顶级的室内微气候
– 耐用、健康的材料

– 热泵
– 水箱
– 可以与地面采暖相连
– 能源管理系统，在线追踪能源消耗与生产

– 铺装能够吸收雨水
– 大型开窗与室外空间和大自然相连

WFH住宅"资源意识建筑"理念示意图

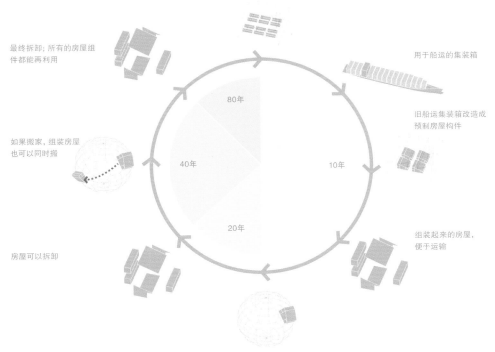

集装箱工厂

用于船运的集装箱

旧船运集装箱改造成
预制房屋构件

80年

10年

20年

组装起来的房屋，
便于运输

最终拆卸：所有的房屋组
件都能再利用

40年

如果搬家，组装房屋
也可以同时搬

房屋可以拆卸

WFH住宅生命周期示意图

房屋现场组装，全家搬进去居住

点的情况做适当改变，预先提供各种情况下的解决方案以供选择，就像多用插头可以适应所有国家的情况。

到目前为止这种适应性还不会让人太过惊奇——汽车业、军用帐篷或者笔记本电脑等神奇的多用性已经让我们习以为常了，但是对于组装建筑来说还是非常新颖的，它能在不同国家的土地上安装使用。

"这种结构可以进行各种组装以适应不同的用途，可以是多层住宅、联排别墅、住宅群或者单体别墅。"（引自Arcgency事务所网站）

"积木式"的北欧传统建筑限制了平面的布局。这种制约是因为住宅建筑中广泛使用的预制构件——预制构件能降低施工成本（经济成本和时间成本）。

WFH住宅与那种传统的预制构件最大的不同之处在于——上文已经提及了——前者同时也设计建筑构件（集装箱）之间的空间。因此，它创造出一种新的混合体，一种"组件＋空间"式的矛盾的建筑（下图）。

"采用旧船运集装箱作为WFH住宅的框架结构。这不仅是循环利用，这是超循环！"（引自Arcgency事务所网站）

对绿色的研究：除了平面图和剖面图以外，创造性也是设计过程的一部分，有了创造性，这个过程本身就是一种发明创造，可以进行新的命名（上图）。可以说，这是建筑师参加竞赛时常用的方式，或者说是一种图解的方式，形成建筑最初的设计理念。这进一步强化了WFH住宅的设计理念，这一理念后期又用文字进行了深化。

"这种结构可以适应具体地点的不同情况，比如气候条件或者地震问题。"（引自Arcgency事务所网站）还有一段表述可以与之相对照："最初的预制住宅系统能够满足国际环境下的建筑标准，称为'积极住宅'。"（引自Arcgency事务所网站）把这两段表述放在一起来看，似乎有点相互矛盾。一方面，标准化的组件系统却说能够适应不同的环境条件，听起来可能有点奇怪；另一方面，"国际建筑标准"是根本不存在的东西，因为任何项目总是要与所在国家的各种相关规定相符合，不同国家的规定有时甚至彼此矛盾。

但是，这些明显的矛盾却也是一种机遇。可以设计一个基础结构，采用通用的内核，但是可以根据具体地

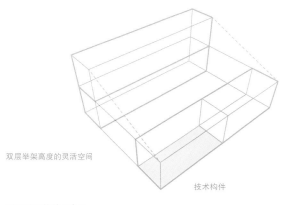

双层举架高度的灵活空间

技术构件

WFH住宅构件示意图

"顶级的室内微气候；低能耗；环保材料。"（引自Arcgency事务所网站）

第一条没有；第二条没有；第三条有。起码按照我们对"被动式"建筑理念的普遍理解，促进室内气候的控制和低能耗对于集装箱式建筑来说是不太可能的。

笨重；钢材具有的低热惰性；在结构上很难开窗；这些都不利于Arcgency事务所宣称的"顶级室内微气候"和"低能耗"。

最后一条还好，因为集装箱构件是"超循环"使用的，所以在材料的使用上不会额外消耗能源。这样也有利于环保。

"施工期极短。"（引自Arcgency事务所网站）这方面可能得视具体情况而定：独户住宅施工期可以很短，但是其他类型就不一定了。从WFH住宅的室内照片中可以看到，集装箱的利用非常隐蔽，最后几乎看不出来，变成了建筑的骨架结构（下两图）。

如果第二层建筑表皮的功能也"自动化"或者"标准化"，那么这种混合体建筑系统将绝对具有速度优势。另一方面，如果某一地点面对特定的问题，需要视具体情况来解决，有些地方可以换成不同的外立面，覆盖住里面的基础结构。

这种建筑除了具有它那种典型的美感之外——这种美感在我看来在于"完美控制的构件"和"构件间的自由空间"二者之间的对比——这种住宅系统未来还有巨大的发展空间。

"可拆解——地点迁移或者回收利用。"（引自Arcgency事务所网站）这一点绝对取决于外层建筑表皮所用的材料。如今，建筑的外层表皮已经不像法国设计师让·普鲁韦（Jean Prouvé）[2]的板材建筑那样

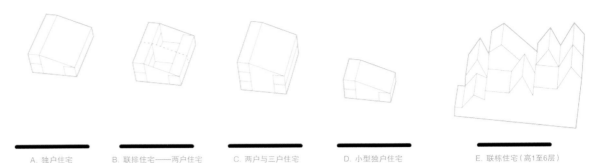

| A. 独户住宅 | B. 联排住宅——两户住宅 | C. 两户与三户住宅 | D. 小型独户住宅 | E. 联栋住宅（高1至6层） |

WFH住宅类型示意图

容易"拆解"了。主要的不同在于整体设计的方法和使用的技术。普鲁韦设计的住宅是组装式的，而WFH住宅既是组装也是建造。后者不用传统的建筑表皮手段就更好吗？也不一定。

"在线定制工具让客户可以决定自己想要什么样的房屋，关于布局、大小、外立面、室内等都可以定制。只要在预先确定的框架内，就能确保具有高度建筑价值和材料的品质。"（引自Arcgency事务所网站）Arcgency事务所已经用WFH住宅证明了，他们的这种混合体系统能够保证良好的建筑品质，但是，使用者自己通过网上应用软件能保证建筑品质吗？任何人都能利用集装箱之间的灵活空间设计出符合人体工学的空间吗？

上述这些问题很难回答，也要部分取决于设计应用软件，但是更重要的是，取决于使用者的空间感知，而普通人的空间感知整体来说不怎么好。如此否定的回答，不是因为他们要给建筑师让路，而是因为没有一位建筑师来掌舵真的很难充分利用空间。

在线定制可以是一个良好的意图和开端，但是之后需要具有空间视角和综合能力的专业人士来发展和完善，以便兼顾功能、美学、经济、可持续和技术等方面，达到适当的平衡。这个专业人士就是建筑师（右图）。

"与其他绿色住宅相比在成本上具有竞争力。"（引自Arcgency事务所网站）

可能有，也可能没有。将重达4吨、12米见方的几个集装箱运到市区，对其不锈钢和耐候钢板材进行处理，之后才能用来建造一所房屋。这个过程可能不是最便宜的。

"建筑组件是预制的，现场组装即可，无需常规建筑施工。这种设计可以进行高品质、大批量的工业生产和运输，采用标准集装箱运输。"（引自Arcgency事务所网站）

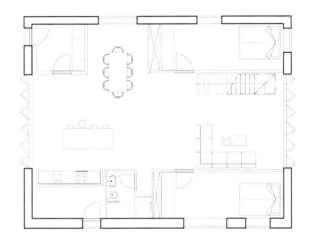

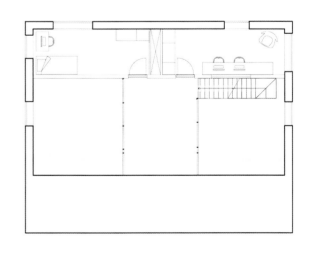

但是，工厂里机械化生产跟现场安装可不是一回事。再加上Arcgency事务所引入的"超循环"过程（这无疑会带来集装箱未来整体命运的变化——作为建筑构件将是它们生命期内的主要用途，进一步会导致行业间的价格协定），使其成为一种有趣的新型产品。

"设计以北欧价值观为基础。不仅包括北欧建筑，而且包括一切设计对象。"（引自Arcgency事务所网站）

所以"灵活空间"与集装箱卧室相结合，显示了建筑与工程的完美融合。组装构件创造出一个具有高度空间灵活性的建筑世界，再加上集装箱标准构件高效、精确的工程学潜能，可谓锦上添花。

集装箱的使用，再加上建筑外立面灵活的材料处理（根据特定地点的具体情况），这样，国际标准和当地情况就结合起来，填补了地理和国别的鸿沟。

而且，从产品设计师的角度来看待建筑，这种方法推动了传统建筑制造业的进步，使后者朝向"后工业时代建筑师"的方向发展，这无疑是值得鼓励的。

注释：
1. 比如：http://www.prefabfan.com/2009/05/10/prefab-domespace-homes/
2. http://www.designboom.com/weblog/images/images_2/andrea/jean_prouvè/industrial_beauty/jp01.jpg

项目概况

· WFH住宅的设计理念是一种专利模块化建筑系统，以12米高的标准组件构建基础结构

· 这种结构可以适应具体地点的不同情况，比如气候条件或者地震问题

· 最初的预制住宅系统能够满足国际环境下的建筑标准，称为"积极住宅"

· 这种结构可以进行各种组装以适应不同的用途，可以是多层住宅、联排别墅、住宅群或者单体别墅

· 顶级的室内微气候；低能耗；环保材料

· 施工期极短

· 可拆解——地点迁移或者回收利用

· 在线定制工具让客户可以决定自己想要什么样的房屋，关于布局、大小、外立面、室内等都可以定制。只要在预先确定的框架内，就能确保具有高度建筑价值和材料的品质

· 与其他绿色住宅相比在成本上具有竞争力

· 建筑组件是预制的，现场组装即可，无需常规建筑施工。这种设计可以进行高品质、大批量的工业生产和运输，采用标准集装箱运输

基本数据

· 建筑面积180平方米

· 耗能比丹麦新建住宅的常规要求低50%

· 内置光伏电池；空间灵活；为达到标准要求，至少需要20平方米的太阳能电池来发电。如果能达到30平方米或者更大的面积，那么普通一户家庭一年所用的电量就可以自给自足了

· 绿色屋顶可以收集雨水用来冲厕所、洗衣和清洁

· 外立面可以定制

设计理念

设计以北欧价值观为基础。不仅包括北欧建筑，而且包括一切设计对象。这些价值观具体表现为以下几点：

· 灵活性

· 以人为本的建筑——良好的采光，不同类型的照明

· 值得信赖的（长远的）解决办法——健康的材料、可循环使用的材料、可拆解式设计

· 随时间流逝优雅地呈现岁月痕迹的材料

· 亲近自然和绿色

· 简约的外观

· 趣味性

灵活空间

"灵活空间"是房屋的核心，包含起居室和厨房，也可以用于其他多种用途。这个空间有一部分是双层举架高度，创造了完美的采光条件。其他空间是单层高度，有个楼梯井跟二楼空间

2014杰出建筑师介绍

FEATURE ARCHITECTS 2014

冯正功

中国勘察设计行业优秀企业家（院长）

冯正功系研究员级高级工程师、国家一级注册建筑师、香港建筑师协会会员，国务院政府特殊津贴享受者，全国勘察设计专家库专家，江苏省"333工程"第二层次培养对象，曾获江苏省科技企业家、江苏省优秀青年建筑师、江苏省突出贡献中青年专家、江苏省劳动模范、苏州市劳动模范、苏州市优秀民营企业家等荣誉称号。冯正功先生于1995年创立苏州工业园区设计研究院，目前任该公司的董事长兼总经理。

冯正功1989年毕业于清华大学建筑系，多年来一直致力于建筑设计的理论研究，学习、借鉴国内外先进的建筑设计思想，并应用到生产与科研

设计的实践中，其建筑设计风格完美地融合了现代建筑与古典园林建筑的特点。

冯正功主持设计的作品多为国家级、省级重点项目，其中众多项目获得国家级、省部级、市级优秀设计奖。例如，苏州工业园区职业技术学院、星海游泳馆分获国家第九、十届优秀设计铜奖、建设部优秀设计二等奖、江苏省优秀设计一等奖，苏州大学王健法学院、绵竹市历史博物馆、绵竹市体育中心等分别获江苏省优秀设计一等奖，绵竹历史博物馆同时获得2013UED博物馆建筑设计奖杰出作品奖、2013世界华人建筑师设计大奖优秀设计奖。

苏州工业园区设计研究院自成立以来，在冯正功先生的带领下，已经完成了各类工程设计项目数

千项，其中包括：工业类建筑、文教卫生类建筑、居住类建筑、办公类建筑、商业类建筑、城市规划类、景观类、室内装饰等。公司经过二十余年的发展，已经成功塑造了"值得信赖的合作伙伴"这一企业形象，积累了一批优质的高端客户，公司的"SIPDRI"品牌已经在国内市场被普遍认知，业务范围辐射全国。目前，公司已在北京、上海、新疆、徐州、成都、宿迁等地设立了分、子公司，进一步拓展公司在国内其他地区的业务规模。2012年，在江苏省勘察设计协会综合实力排序中，冯正功先生领导的苏州工业园区设计研究院股份有限公司名列建筑设计企业经济指标第一、综合实力第二，具有较为明显的综合领先优势。公司于2011年完成全面股改，正在不断向"开发区（新城）建设综合服务专家"这个发展目标迈进。

冯正功：做建筑最需要反思的是，如何实现作品的延续性并重塑内涵

冯正功所秉承的"延续"，不但包含了狭义上文化的延续，更包括了对历史的延续、记忆的延续、环境的延续、材料的延续……但它不是对传统的机械模仿，更意味着对传统与现代的兼容并蓄和有机融合。他把这类建筑叫做"延续性建筑"。"延续性"设计理念背后隐含的正是冯正功始终不变的、赋予作品地域文化内涵的决心。"我们的建筑不应是简单僵化的西方复制品，而应当是富有传统和灵魂的作品。如何进一步挖掘传统、地域建筑文化中那些具有现代价值的因素，并加以抽象的表达与提炼，转换成支撑建筑实践的源泉，是我们一直在努力追求的目标"。我们要"设计中国自己的建筑！"

改造设计意在用建筑力量反哺城市。设计着力于从城市演化的角度去打造地块的场所精神，从广义的角度设计建筑聚落。在回龙窝改造项目的实践中，我们将其作为整合城市历史文化与活化市民生活的切入点。实践建筑在广义层面上修补城市肌理、恢复城市记忆、延续城市文化的力量。

一、挖掘地块的历史文脉，追求场所精神

回龙窝改造项目用地在今天徐州[1]中心城区，叠加清同治十年的徐州城图（下图）来看，用地在古城南北轴线（北门—署府—鼓楼—南门）上南门的东南部[2]。（右下图）本改造地块上部是徐州老市政府，建筑族群及院落景观完整，其建筑风格具有官式建筑特征，其中三层砖混的建筑有着大屋顶民族形式，而面对正门的4层办公楼则使用了罗马柱装饰。右侧紧邻快哉亭公园，其中的快哉亭自北宋在唐代阳春亭旧址构建，苏轼名曰"快哉"，几经兴废，终有今日绿意盎然的快哉亭公园。南向有徐州第四中学，耶稣圣心堂[3]保存其中，再南是保存良好近代风格的钟鼓楼[4]。地块本身的位置，部分修筑于古城墙之上，南部紧贴着奎河，河道隐藏在绿化步道下，很少人知道它的存在，很少人关注古河道给城市带来的变迁。再向南，视觉轴线上是户部山历史文化街区。我们可以看到，在城市发展的大拆大建中，这些原本脉络清楚的历史发展变得支离破碎。

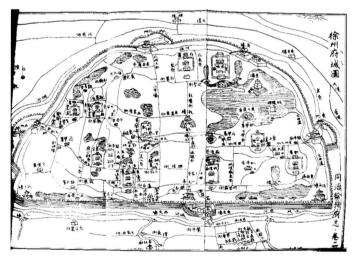

清同治十年（公元1871年）地图转译

1. 牌楼
2. 黄楼赋碑
3. 文庙
4. 地下城遗址
5. 钟鼓楼
6. 道台衙门
7. 耶稣圣心堂
8. 回龙窝历史街区
9. 快哉亭
10. 保留古城墙
11. 王陵母墓
12. 燕子楼（重建）
13. 传教士别墅
14. 戏马台
15. 翟家大院
16. 余家大院
17. 崔家大院
18. 李可染故居
19. 土山汉墓
20. 徐州博物馆
21. 乾隆行宫

注释：

1. 现今徐州市位于江苏省北部，地处苏、鲁、豫、皖四省交界处，总面积11258平方千米，总人口925万人。徐州属暖温带季风气候区，东西狭长，城内除中部和东部存在少数丘岗外，大部皆为平原。废黄河斜穿东西，京杭大运河横贯南北。徐州古称彭城，已有5000多年文明史。帝尧时建大彭氏国。徐州有2600多年建城史，是江苏境内最早出现的城邑。夏禹治水时，把全国疆域分为九州，徐州即为九州之一。当时"徐州"只是作为一个自然经济区域的名称，彭城邑成为这一区域的中心城市。春秋战国时期，彭城为宋邑，徐国国都、楚国国都。东汉末年，曹操迁徐州刺史治彭城，始称徐州。

2. 《徐州府志》清同治十年（公元1871年）徐州城图，用地局部与南部古城墙重叠，现场建设过程中在用地中开挖出了部分古城墙。

3. 江苏省文物保护单位是1910年法国传教士艾赉沃出资、德籍教士建筑师吴若愚设计并主持修建的。教堂平面呈十字形，东西宽25米，南北长52米，屋脊高14.5米，高耸入云的三角架高达25米，总面积1258平方米。教堂以青砖青石构筑，室顶券成穹窿顶，而屋面为中国传统的抬梁式重檐结构。教堂的主要部分为前廊、礼拜堂、钟楼、音乐楼、更衣室等。其十字形的布局，券顶的拱形结构和宽厚的砖石墙体体现了德国天主教建筑艺术特征。

4. 徐州钟鼓楼，市级文物保护单位，位于徐州大同街中心。此楼是一座混合结构的五层方塔形建筑，为1931年冬铜山县县长余念慈下令建造。楼高约20米，建筑面积120平方米，是当时徐州最高的建筑。据《云龙区志》记载，修建此楼本是为了报火警，所以又称"望火楼"。

我们通过回龙窝改造，把这些徐州历史上重要的节点重新联系在一起，形成城市文脉载体（下图），把散开的城市文脉载体联系在一起，把已经模糊了的城市格局勾勒清楚。设计向地下要空间，制造地形起伏，设计出地块与户部山之间一条空间高度上的轴线。用城墙和奎河景观设计横向联系快哉亭地块。在地块内系统设计更楼、戏台、老虎灶、酱油坊等传统街区功能。用修补城市肌理，恢复城市记忆这个理念设计整个地块，架构出城市大空间的"场"的空间，给精神提供一个栖息环境。

二、城市肌理在街道设计层面上的运用：重塑人居环境品质

原有的回龙窝老街 以南北向的光明东巷和东西向的永宁巷为主干，呈现两个L形状交叠。在这条300多米长由西向东的胡同里，混杂着各种不同年代、质量的低密度杂院式住宅，虽然经过三百年变迁，仍保留了灰砖青瓦的老面貌，其中不乏一些值得保留和复原的院子。比如：闫家会馆、三进院落及日本洋行。在街巷设计的层面上，设计建筑形态，尺度，密度；设计保留现存的大树，勘测老井定位后予以保留，作为空间塑造的意象元素；设计市民戏台、更楼等街道活动中心和视觉中心丰富街巷空间的趣味；参考"院落式情景消费街区"、"人文游憩中心"、"城市底片"、"都市客厅"等方式，把老百姓心中的老徐州带入街巷，塑造徐州民居形式的特色商业中心。街道院落设计围绕本土性的城市生活中的故事场景展开，看似是设计师在建筑里讲城市的老故事，其实也给城市一个机会，在老建筑里演绎城市的新故事。修补城区缺失的肌理，塑造有历史感和地方感的新活力中心场所，重塑"徐州印象"。

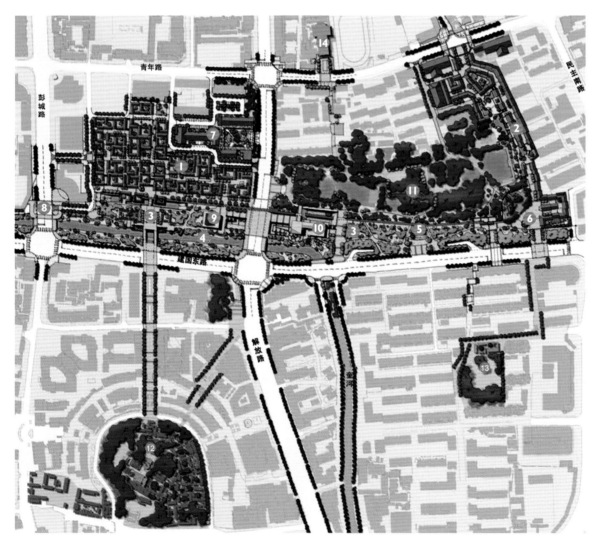

1. 回龙窝历史街区
2. 开明街坊
3. 史迹公园
4. 奎河水滨公园
5. 户外剧场
6. 快哉亭广场
7. 酒店会所
8. 南门形象入口
9. 游客中心
10. 史迹博物馆
11. 快哉亭公园
12. 户部山历史街区
13. 李可染故居
14. 天主教堂

三、在建筑设计的层面上追求本土的原汁原味

在建筑院落设计的层面上，一是将街区的院落分类，其中闫家会馆、三进院落以及日本洋行为复建的院落，其他院落中设计40%为纯木结构，其余为钢筋混凝土+木结构。设计师研究院落的组合模式、尺度，在院落中把过邸、倒座房、堂室、穿堂室、正厅、花厅、厢房、鸳鸯楼等设计到位。

在单体中展现徐州传统民居丰富的多样性。主要表现在：砖石墙（如毛石墙，青砖墙）、石雕（如门栓石雕，门顶装饰）、砖雕(如砖细挑檐，砖雕包檐)、木雕、门窗（如火焰门头、月亮门洞、直棂窗）、门头（如垂花门）、屋脊（如透风脊）、山墙细部（如泥雕山花）等。回龙窝[5]街巷用原汁原味的毛石墙的硬朗格调一扫江南水乡柔弱蜿蜒的风格，填补了徐州城市中心区域传统民居缺失的现状。

四、发现古城墙的再设计，持续设计强化场所精神

项目建设已近完工时，场地挖掘出一段城墙，据记载推测，回龙窝街区是有一部分叠加在原古城墙上[6]。如何体验黄河泛滥淹没古城墙的场所感和活化历史痕迹，设计师设计了地景式的城墙历史体验感（下方图），地面上是景观式广场，人们由电梯迅速地从今天的城市标高到达古城墙建造时期的历史标高，徐州明清城墙上部立面展现在眼前，配合倒锥形采光设计，这种感受岁月和历史厚度的方式非常震撼。内部参观线路以高差起伏的坡道为主，坡道同时引入自然光，引参观者走进历史。设计师重新审视城市本土的建筑特色和需求，修补在城市发展中破碎掉的城市肌理，恢复具有本土特色的生活记忆。让层叠的历史积累作为城市文化的后盾，让静默的古城墙演绎徐州的古往今来，开创一个古今并存的魅力之城新风貌，找回徐州生活文脉轨迹。

城隍公园鸟瞰图

地下层 小55

注释：

5.关于回龙窝的来历，有两个讲法：一是，相传乾隆皇帝下江南时曾想穿过这里，但因回龙窝是个死胡同无法穿行，乾隆只好顺着原路返回，"回龙窝"因此得名。日本洋行北侧出现端头路，这也是"回龙窝"典故所指之处。其二，据徐州市志载，回龙窝因地势低凹，雨水倒流，久积难泄，俗称"回流涡"，后谐其音，美称"回龙窝"。

6.1194年以后，黄河在阳武决口，夺泗入淮，开始流经徐州，一直到1855年改道走山东入海，黄河流经徐州660多年。660多年里，黄河屡屡泛滥，防洪方法是加高堤坝，堤坝越筑越高，形成悬河，河水常常浸漫徐州，1552年徐州就"河决四处"，"次年六月，徐邳赤地千里，大水腾溢"。1590年夏秋黄河决口，淹没城市，"城中积水遍年"。最严重的是明天启四年，黄河在奎山决堤，河水倒灌城内，淹没徐州三年，淤土达五六米厚，几乎导致徐州城迁址。

冯正功作品——徐州回龙窝改造项目

项目概况

回龙窝改造项目，用地在今天徐州中心城区，徐州市建国东路以北，解放路以西，彭城路以东。项目定位为明清徐州传统民居风格商业街，设计师在院落设计中将当地百姓的生活故事，在街巷设计中力求做到修补城市肌理，恢复城市记忆，延续城市文化的力量。其中地上商业建筑有：纯木结构院落10座，包括复原的三座院落：闫家会馆、三进院落及日本洋行。钢筋混凝土框架+木结构院落15座。面积约为13000多平方米。地下为6000多平方米的餐饮配套设施。另外还有游客中心，城墙展示等配套设计，及整个地块配套景观设计遗址。

项目信息：

项目地址 徐州市建国东路以北，
解放路以西，彭城路以东

设计公司 苏州工业园区设计研究院股份有限公司

设计时间 2012年3月

竣工时间 街区形态已成，预计2014年底竣工

项目功能 预制组装房屋

地块面积 2.6万平方米左右

总建筑面积 前期19335.83平方米

摄影师 赵江

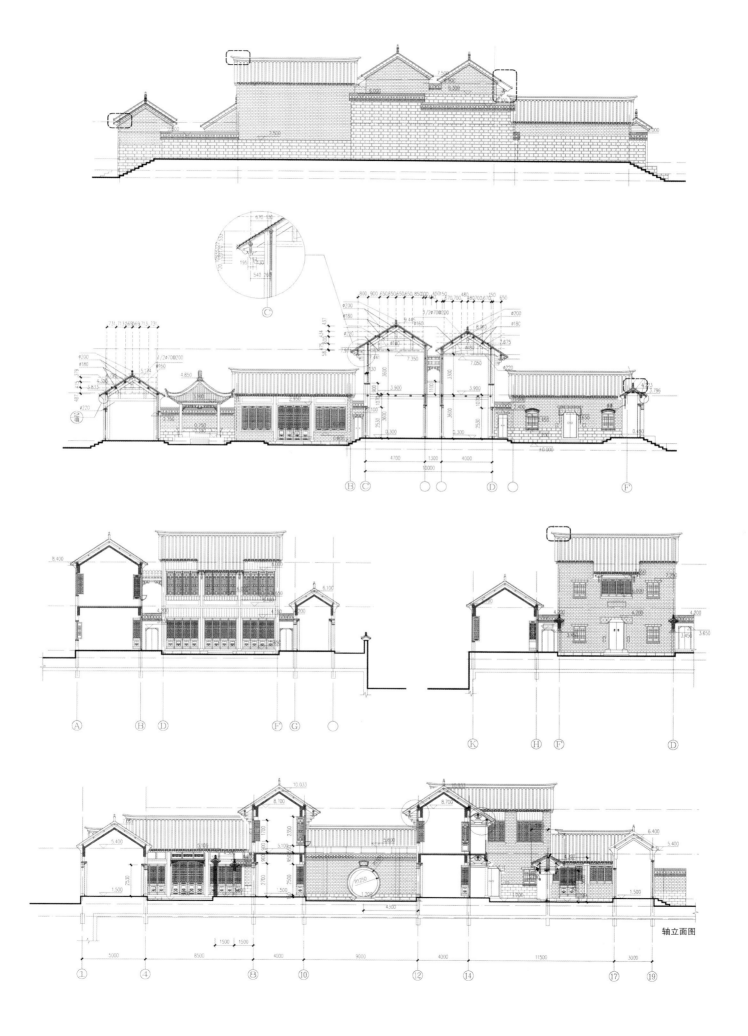

轴立面图

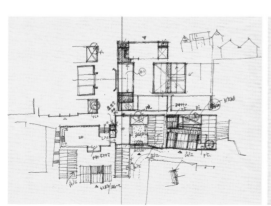
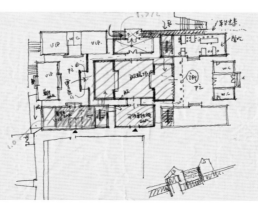
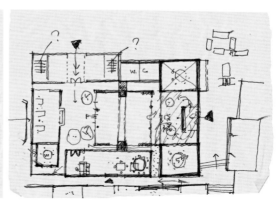

张弘

我原来就读大连理工大学的建筑专业,1993年毕业后就到了深圳,成为一名建筑设计师。在1998年1月份,我又独自一人辗转到了上海,并且创办了自己的效果图公司——上海百慧建筑绘画有限公司。经过两年时间,公司规模迅速扩大,并且也挖到了人生第一桶金。

在2002年我新开了一个小型设计公司,名称叫做上海百慧建筑咨询有限公司,专门服务于房地产公司,做一些前期的拿地方案以及投标方案。我内心中一直有一个不灭的梦想——沉下心来做好的设计,体现设计的自身价值和展现一个建筑设计师的社会责任感。并和朋友联合成立了慧筑投资管理有限公司,专门从事旧房改造业务。那时的我像打了鸡血一样在整个中国开车奔波,考察中国的传统老镇,体验不同的地域文化风情,和朋友吃喝玩乐、抱团撒欢。并陆续在西塘、同里、南浔、东山、黎里等江南水镇购入了一些古镇民居,并进行了改造。

我是出于对古镇风情、中国民俗文化的热爱,才在当地零星购置了一些破旧的老屋,当初只是希望为自己打造一个专属于自己的"空间",做一些忠于自己的设计梦想、灵魂的事情,但却没想到这些当初有些理想化、甚至冲动的个人行为,会在短短的1、2年之后给自己带来可观的投资回报,和吸引到一些设计同行、投资人的注意,这些房子很快就卖掉了,并且我和投资人联合创办了"游心酒店管理公司"。这次经历也彻底把我自己从一个被资本所奴役的乙方转变为一个与资本合作共赢的甲方。

但是我发现民居改造面临着人力成本和将来可复制的局限性。随着公司逐渐步入正轨,及项目的增加,我也和其他致力于城市更新、古镇复兴的"小伙伴们"联合成立了"上海慧筑地产顾问有限公司",这是我们新事业的起点。

张弘："再造美好家园"——我的终极目标

张弘希望用自己理想的力量将"美"与"梦"完美结合，通过对国道318沿线乡镇复兴项目的设计创作，实现"设计有故事的建筑，引入多元设计，实现文化价值，植入与复兴地域文化"的建筑设计情怀。最终"318文化大院"项目获得"2013世界华人建筑师设计大奖"学术奖金奖。

缘起

作为一个建筑师，我一直反对大拆大建，我始终相信设计师有能力直接创造价值，不需要更多的中间环节领域。我们的团队更希望自己能够身体力行，为一些还没有被破坏的老镇建立一些开发的原则，包括重视设计和深加工、重视原创性、重视传统产业和现代设计的结合；反对连锁、复制和快速的拓展机制。但是，只是有美好的理想是不能将好的想象变成现实的。所以，我们的团队现在试图通过"政企民"的合作方式，积极地拓展开发商的投资，与大的产业捆绑，通过自己的小小融资平台，做出一些有意义的尝试。

目前这个"尝试"主要立足于旧房改造的业务板块，主要分为在城市中打造创意办公园区和在传统老镇中的旅游文化地产项目。并在与众多投资机构的接触中，完善了它们的投资退出机制。也希望通过规划、设计、策划和投资联合起来共同再造美丽的故乡。

最初我只是一个热爱摄影的人，经常在周末离开上海去周边乡镇自得其乐，后来便考虑为何不买下一栋房子作为和朋友们聚会的地方且能住下来，再后来，又有了把废弃老房子改变成实现建筑设计梦想的试验田，并选择与古镇旅游商业模式结合的、容易获得经济回报的空间功能——客栈。

实践

在觅得芦墟这片旧厂房之前，我们已经先后完成了西塘烧香港、同里塔院、黎里中心街37号、苏州东山双栖斋等一系列古镇旧房的改造。三年，6间客栈，距离上海车程不超过两小时，均由老房子改建成居住性质的空间，改建空间的规模不断扩大，这是团队在探索旧房改造中踏下的每一个坚实印记。沿着318国道，从新建城市走进"城市更新"，我们会不断努力，芦墟仅是梦田，等待关爱着她的人去灌溉。

在考察过芦墟这片场地之后便有了将她打造成小镇中旅游集散地的想法，让更多的人能够来到这里，参与、亲身体验并感受传统的、无过度包装的、纯粹的江南水镇文化。"设计立县"的理念始终贯穿于整个建筑设计过程中，通过公民的视角，将当地的文化融入建筑之中，保留当地文化遗产，从而建造一个朴实、回归建筑本身的院子，能够让普通居民、旅游者或是匆匆过往的人能够参与其中。于是通过小型投资人与设计师捆绑的模式，引入"设计师客栈"这一理念，同时与当地民间手工艺人合作，探索与创建一种不同于传统江南古镇的商业化旅游模式。在促进老镇旅游、经济发展的同时也期望推动古镇文化的缓慢复兴。

感悟

那些具有相对深厚历史及久远文化场地背景的历史地段，是历史的见证，是实实在在的历史存在。它们在千百年的历史积淀中，形成了无可替代的个性特征。建筑师们不可以急于求成、急功近利，采取推倒重建这种简单粗暴的方式，这种割断历史的做法是在阻碍现在和将来的发展。建筑师须尊重历史，尊重现有的存在，要重点研究历史地段的个性特点，以积极谨慎的态度，充分考虑旧城区原有的城市空间结构，把握城市空间的内在质量，保护和强化历史地段突出的景观特征和文化内涵。

这些工作的难点是如何处理好保护与发展的关系，减少旧城更新改造和城市现代化建设可能对历史文化保护造成的不良影响。传统古镇布局是一种自由的生态文化肌理，不同于现今的规划格局，设计师在改造设计的同时，遵循古镇特有的生长模式，在"旧房改造"的前提下，反复地修改设计，让设计方案与当地文化不断地磨合，创造出带有古镇自身文化底蕴的设计。

项目概况

　　"运河边上的院子"由上海慧筑投资有限公司董事长兼设计总监张弘牵头邀请知名建筑师参与建造的适合人居住、度假，且自然环境惬意的创新公民建筑体。芦墟——运河旁边的院子是城镇更新项目，也是慧筑沿318国道打造一系列精品设计酒店计划的第二站。项目占地5000平方米，包含酒吧，展廊，30间不同设计师设计的客房。于7月1日正式对外营业。

　　传统古镇布局是一种自由的生态文化肌理，不同于现今的规划格局，设计师在改造设计的同时，遵循古镇特有的生长模式，在"旧房改造"的前提下，不停修改设计，让设计与当地的文化不断的磨合，创造带有古镇本身文化底蕴的设计。

设计理念分析

　　设计师考察场地之后便有了将她打造成小镇中旅游集散地的想法，让更多的人能够来这里，参与并亲身体验感受传统的、无过度包装的、纯粹的江南水镇文化。"设计立县"的理念始终贯穿于整个建筑设计过程中，通过公民视角，将当地的文化融入建筑，并保留当地文化遗产，建造一个朴实，回归建筑本身的院子。让当地居民、旅游者或是匆匆过往的人能够参与其中。

　　通过小型投资人与设计师捆绑的模式，引入了"设计师客栈"这一理念，同时与当地民间手工艺人合作，探索与创建一种不同于传统江南古镇的商业化旅游模式。在促进老镇旅游、经济发展的同时也推动古镇文化的缓慢复兴。

项目信息：

项目地址 江苏省，苏州吴江市，
　　　　　芦墟古镇牛舌头湾路15号
设计师 张弘
设计公司 惠筑housemart
交通 G50高速，汾湖出口
建筑面积 3300平方米

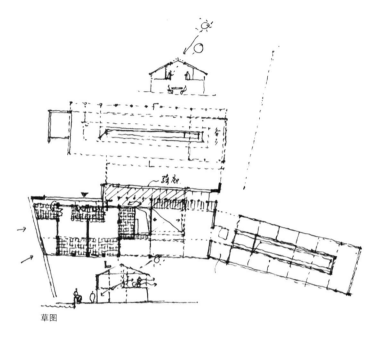

草图

1. 多考: 古叶拾伦.. 多叶 神叶 除外一多
2. 甚如
3. 利槽例子击地兔得
4. 将新坳州主河 → 将括吁坏低
5. 多洞庵洞排排兆楼

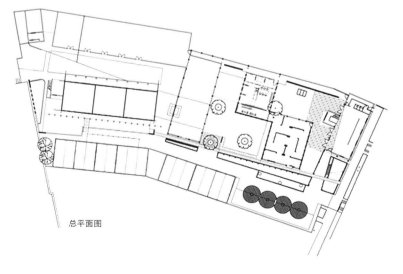

总平面图

王灏

佚人营造建筑设计事务主持建筑师
国家一级注册建筑师
1997年-2002年 同济大学建筑与城规学院 建筑学学士。
2002年-2005年 德国斯图加特大学建筑学院 建筑学硕士。
2006年-2010年 同济大学建筑设计研究院 项目建筑师。
期间先后在德国Benisch 事务所，Kaffmann& Thillig Partner
事务所和Archmedialab 事务所工作。
2010年在上海开设佚人营造建筑设计事务所，独立开业。

获奖情况：
2004年 德国JOHANES GOEDER PREIS 建筑奖。
2007年 唐山地震纪念馆及公园国际竞赛前三轮投票第一名（全球273份提案）。

2007年-2010年 上海世博会城市最佳实践区中部展馆国际竞标第一名并实施。
2008年-2010年 上海世博会五大主题展馆之城市足迹馆竞标第一名并实施。
2013年 德国著名建筑杂志《BAUWELT（建筑世界）》"全球处女作奖"得主。

佚人营造由王灏创立于2011年1月，"佚人"是对中国传统中所有卑微或伟大的工匠的通用词，那些佚名的工匠，用灵魂的双手营造了从民居至官衙的各种构筑物。所以，佚人营造秉承的是一种"无名"或者"隐匿"的状态下，用独立的思想去兼用现代与传统的各种营造技巧，改良各种传统材料的使用方式，建造出独具一格的作品。佚人营造坚持设计从小住宅开始，力行把"住宅即艺术品"的观念体现在每个独立的住宅作品中。佚人营造抵制直白的当代城市主义，探索小尺度村落与城市混合共生的各种多元性，所以，佚人营造工作重点位于城市边缘或中国新式农村。

王灏：追寻中国建筑传统精髓，自由表达结构美感

王灏在家乡宁波春晓做了一些小型的建筑实践。和大公司的大型项目比起来，这些小房子起初并不引人注意。然而，随着当年"种下"的小房子慢慢开花结果，一幅新的图景渐渐打开：在一个地区的农村进行系统地创作，对于中国的建筑师是一件新鲜事。他不仅有机会系统性地积累对建筑结构、材料的认知，而且几乎创造了一种全新的方式、深入参与农村生活方式改变的社会进程。长期在"城市人"—"农村人"之间角色转换促使他对城市化的课题进行思考，这种思考进而反映在他的作品中。一个建筑设计的小问题，延展出了农村与城市二元对峙，甚至是关乎居住梦想的大问题。

建筑的结构中我觉得很多东西是可以被评论的，而太少的中国建筑师从结构角度考虑房子。我们认为结构是自由的，一定要把一种框架的思维方式打散，要完全突破设计院那一套"规范"的做法，从结构本身的需要出发。

我们强调的"自由结构"，这里面有三层含义。首先，它结构上是经验性的，它既包含合理性成分，又包含美学的成分；其次，它拒绝任何先入为主的结构类型套路，不遵循某种既有的结构体系，结构在空间的冥想下诗意地呈现；第三，它是建构上的自由，我认为一个好的建筑等同于一个好的结构，它包含空间结构和承重结构，我们希望把两者糅为一体，因此空间的自由意味着建构必定也是自由的。它不追求精密的施工或者高档的材料，它尊重空间趣味的形成，跟随灵魂的指引，并对这种空间趣味形成结构起到重要作用，打个比方即是"空间是重力与灵魂的舞蹈"。只有行云流水的结构才能创造行云流水的空间。

我们希望营造一种独特的结构空间，它有别于六七十年代西方的那种结构主义——那种过于强调逻辑的状态。结构本身应该是非常自由的，也就是说，结构之间看上去可以没有关系，或者关系是松散的，但是它必须完成两个主要的任务：一个是让房子不会倒，一个是通过它来塑造多层次、有趣味的空间，并且保持自己的朴素性和原始性。我们对材料的考量和选择非常明确，手工预制、简单、造价较低。建筑的空间可以是非常匀质的，而结构本身是特别的，这就是我们所追求的空间结构一体化。如果抛开房子的功能、地点以及公共性与私密性的问题不谈的话，剩下的就是建筑中最为纯粹的东西。现在城乡二元分裂的大环境实际上把农村放到了"城市边缘"的位置，但正是因为它

的这种受漠视的状态，反而在这里充满各种可能；另外，现在有很多的所谓"新农村建设"，简单采取重复营建的模式，已造成不可收拾的局面，急需解决。

作为建筑师，我们做出的选择和市场的选择是不同的——介入农村，在这里做专业性的尝试。现在经过一定时间的积累，在同一个地方，由一个事务所设计的建筑已形成了一个"群像"。我们惊讶地发现，农村对建筑设计的接受程度很高，开发商未必能接受的概念，在这里却能够造起来。

我们的核心价值，一方面是坚持我们的结构理念，另一方面就是绕开比较复杂的城市环境，而在平淡的、不起眼环境中做工作。在农村里，人们对现代建筑没有什么概念，与他们打交道的方式与同开发商打交道截然不同。当然，短期内让新的建筑思想在农村被普及是不可能的，然而随着农村财富来源的改变，村中年轻人也逐渐开始认同新的建筑方式。在农村工作的好处，就是人们对专业建筑师的信任度比较高。相对来讲，农村里的决策者要把握的事情比较简单，只要预算合理，他们会尽量听取建筑师的意见，因此建筑师在这里的工作自由度较高，可以尽情发挥。

项目信息：

项目地址 浙江省，宁波市

设计团队 王灏、马学鑫、徐丹

结构工程师 洪文明

施工队 本村老泥瓦匠及村民

设计时间 2009年 – 2010年

施工时间 2010年 – 2013年

项目功能 预制组装房屋

占地面积 约150平方米

总建筑面积 约220平方米

结构形式 砖混结构

主要材料 旧屋老砖、

当地产烧结多孔砖、预制板

项目预算 300000元人民币

摄影师 刘晓光建筑摄影工作室

项目概况

　　本住宅位于浙江省宁波市的春晓镇，一个普通的滨海小村，这是我度过童年的地方。传统的水平扁平的农村结构保存完好，朴实而无华。祖传的宅基地约有250平方米，本宅在原二间农舍基础上扩建而来，作为度假和母亲的栖身之所。面对当今农村以千百万计的"洋房"别墅，本住宅尝试用另一种平和朴素的角度来诠释生活本身的简单性。

　　本宅希望以一种朴素的乡下传统建材营造一个封闭而简单的乡下住宅世界。三道回形横墙，向心式布局，引导空间向内层层递进，以中央二层通高的内天井作为核心组织日常功能，回溯到传统的"内向"空间经验。三道从低到高的横墙在主要西山墙方向营造一种自古以来的封闭建筑外观，亦以极简的明确轮廓勾勒出本宅水平向的张力。作为对外观大面积封闭的回应，内部新建部

分结构采用自由组织方式，把楼板、梁和柱子作为独立元素分离操作，穿插在墙体之间，采用传统的搭接的组织方式，自由传递重力。灵活的柱子调节和分割各个功能性空间，各个不同截面不同高度的梁加强空间的层次和分割感，共同营造出结构化的流动空间。传统的织体型材料砖以填充的方式存在，并被不断地插入原来的墙体和片段（改造前的老宅），局部拆下来的老砖

赖军

国家一级注册建筑师
北京墨臣建筑设计事务所 总裁/董事合伙人/设计总监

个人经历:
天津大学建筑系建筑学专业 工学学士
清华大学经济管理学院获高级工商管理硕士（EMBA）
1990年–1992年 中国航空工业第四规划设计研究院
1992年–1994年 深圳市政设计院
1994年–1995年 北京云翔建筑设计事务所
1995年–2002年 北京墨臣工程咨询公司
北京华特建筑设计顾问有限责任公司设计部经理
2002年至今 北京墨臣建筑设计事务所董事总裁 、设计总监

获奖情况:
2013年 "世界华人建筑师设计大奖"学术奖
2012年 建筑中国——100个当代建筑设计德国展
2012年 《缤纷SPACE》"一间宅"空间设计观念展
2012年 中国创新设计红星奖金奖
2011年 第二届"创意点亮北京"国际灯光艺术节最佳灯光作品奖
2012年 第九届精瑞科学技术奖 建筑设计金奖

2012年 APIDA亚太室内设计大奖铜奖
2012年 首届北京工程勘察设计协会民营委设计展 特等奖
2010年 法国罗阿大区–时代建筑 生态建筑奖
2006年 亚太区室内设计大奖铜奖
2006年 亚太室内设计双年大奖赛企业组别荣誉奖
2005年 年度AIA（美国建筑师联合会）最佳设计奖之已竣工工程奖
第十一届首都建筑设计汇报展"公共建筑设计优秀方案"二等奖
2006年 国家优质工程银质奖
2005年 第六届"巴西圣保罗国际建筑艺术双年展"
2002年 年度建设部规划设计一等奖
第六届首都建筑设计汇报展"城市设计奖"

著作发表:
传统在符号之外 （建筑中国）辽宁科学技术出版社，2006
感性·建筑 DOMUS China 003 2006
建筑的空间气质 设计家，2007 03
DOMUS+中国78位设计师
《2008建筑中国》
《天津大学建筑学院青年校友作品集·实施卷》
《天津大学建筑学院青年校友作品集·方案卷》
《第十四届亚太室内设计大奖作品选》
《第6届圣保罗国际建筑与设计双年展·中国》

赖军：在断层中间

"建筑不仅应该源于自己的历史根源，同时也应该成为时代的代言。在这个急剧变革的时代，一定存在着一种能承载时代文化和精神的建筑语言，建筑师们的责任就是去发现它们并赋予它们旺盛的生命力。"

近年来，中国的建筑设计随着经济的蓬勃发展呈现出持续繁荣的景象。随着城市化进程的不断加快，全国各地无数大大小小的新城新镇如雨后春笋般涌现，大量的或宏伟或高耸的建筑拔地而起，城市中各种各样所谓标志性的建筑物也纷纷争夺起人们的眼球，项目建设在规模、尺度和速度上也不断刷新人类历史上的纪录。这种建筑的热潮简直就是另一场奥运盛会。建筑师们纷纷摩拳擦掌、各显神通，义无反顾地投身于"创作"的洪流之中。但是，超短的周期、超快的节奏、超高的强度构成了超大的压力。无休无止的加班熬夜、夜以继日地重复性工作锈蚀了灵感的机器，也磨灭了创作的激情。设计的首要任务成为"必须在有限的时间内完成工作"；设计的方法被总结成"普适的公式"；设计的根本目的就是要"快速地解决"问题。虽然我们知道，"快速了"就根本解决不了问题。但我们已经不由自主地被卷入一个能量巨大的漩涡，无助地进入到一个完全闭合的叫做"生产"的体系之中。在功利的、"现世的"价值观驱动下，设计成为劳动密集型的工作，建筑就像器物一样被放到流水线上源源不断地被"生产"出来，一旦按下启动按钮，一切就无法停止。

偶尔有人几经沉浮，挣扎出这种漩涡；甚至有人天生就游离于这个系统之外。他们以独特的文化基因、平和冷静的心态和这种洪流保持着距离。他们拒绝急功近利的肤浅工作，鄙视无所顾忌地公然抄袭和复制；他们强调思考的独立性、作品的批判性和技术的实验性……总而言之，他们希望的不是"快速地解决问题"，而是冷静地逐步接近问题的本质。他们以一种"出世的"态度，"不知有汉，无论魏晋"，在象牙塔中探求设计之"道"，并坚定地认为设计的价值在于独特性和批判性。但这种独特性注定将他们自己划入小众的一群，长期游离于体系之外使得他们的身影更加孤单。而事实也正是如此。过于强调的批判精神，使得他们本来已不多的尝试变成了一个又一个"孤本"。

两种态度造就了两个阵营，泾渭分明，这注定是一场强弱悬殊的对决。对决的结果呢？会不会是城市建筑版的"劣币驱良币"？

如果我们不满意这样的结局，我们能做什么？由此，我想到了1994年在英国创办的100%Design展览。这个展览的根本立场是公益性的，并始终坚持把这种价值观保留至今。这种立场也促使它能够始终坚持自己的标准和原则，既保持相对独立的立场和价值标准，又有效地协调商业价值和独立的文化价值的统一，并且能够形成巨大的影响力。

这种"入世的"态度对于我们来说值得借鉴，它的价值标准是：
- 所有产品应该为原创性的
- 产品应该能够被批量生产
- 产品必须是基于当下需要的设计
- 产品应该是适当的和当下的

根植于当下，作品就不会成为空中楼阁；批量生产可以使设计的价值倍增。设计应该基于原创，但必须使观念性的成果通过推广量化转为价值，产生更大的影响力。在这点上，就好象汽车工业中的概念车和量产车，服装工业中的"Zara"之于"Dior"。

国人自古有重"道"而轻"器"的观念，其实，没有"器"也就没有"道"，因为"道"在"器"中。"道"与"器"的合一才能产生巨大的能量。

在两种价值的断层中间应当能够找到我们自身的位置。

茧——大自然一种神奇的生命形态，顽强不懈的幼虫潜心筑梦，期待着生命升华的那一刻。

茧——新能源绿色建筑领域虔诚专注的一次尝试，建筑艺术与技术在这里交织融合、孕育锤炼，期待着破茧化蝶终成正果的那一刻。

该项目目标定位为零能耗建筑，即通过建筑设计以及众多节能技术的应用在大幅降低建筑运行能耗的同时，使用清洁能源风能、太阳能、地热能，替代常规通过燃烧化石燃料获得的能源以供给建筑所需。从而使建筑达到不需要市政供电、供热即可满足自身运行的理想状态。是进行低能耗建筑设计的全面实践。

为实现这一目标，在建筑布局及形体推敲阶段，充分考虑各项节能技术需要，建筑的形体由场地形状、日照条件、风环境等因素理性推导而出，力求将造型手法与技术相结合。例如：该项目用地紧张，因此将为建筑提供能源的光伏发电板与屋顶结合设置；依据建筑场地风环境的模拟

数据，布局建筑自然通风的进、排风口，在春、秋季节利用自然通风来降低室内空调的能耗等。

经过初步的计算，本项目的零能耗目标理论上基本达成。目前项目建筑及内装已经完成，各项设备正在陆续安装、调试。随着相关测试的不断跟进，最终建筑低碳排放目标是有可能实现的。

绿色技术的应用与建筑艺术的表达两者都是不可或缺的。将技术措施与建筑造型、空间有机结合正是生态建筑美之所在。结合建筑"茧"的寓意，该项目拥有一件富有艺术性的"外衣"。建筑外表皮运用生态装饰板材通过"缠绕""包裹"的建筑语汇，将光伏发电板、光伏发电百叶、光伏发电天窗、光导管与生态装饰板材有机的统一起来，使绿色技术不仅从功能上而且从美学上变成建筑不可分割的一部分。大厅中独特的"树"状支撑结构在节省了大厅空间的同时，还以"生命之树"为主题为馆内绿色生态技术展示划定基调，形成了大厅独特的视觉效果。整个建筑是技术与艺术结合的一次新颖尝试。

项目信息：

项目地址 天津市滨海新区，中新天津生态城
主创设计 赖军、郝向孺、姜源宣
设计公司 北京墨臣建筑设计事务所
设计团队 林亚娜、王哲、李志军、景刚、
聂亚飞、王伯荣、宋伟、高阳、杨卿
设计时间 2009年
竣工时间 2012年
项目类型 配套公建展示中心
地块面积 1245平方米

利用建筑造型的坡面设置太阳能光电板、光热板等太阳能吸收装置

屋顶采光的效率较之立面采光会成倍提高，因此在确保建筑保温性能的大前提下，屋顶采光是最好的选择

建筑北侧作为临街面，考虑到会所实际的展示功能，我们只在大厅位置设置较大的玻璃面并进行保温处理

建筑朝向北侧的一面由于阳光不能直接照射，因此立面处理上尽量封闭，减少玻璃面积，以尽可能减少建筑能量的散失。

通过研究建筑形体与外部风向的关系，将过渡季建筑通风的进风口设置于此

朝向南侧的建筑立面可设置较大面积的玻璃幕墙，获得采光的同时，为室内空间赢得最佳的视野环境

朝向东侧的一面作为建筑的主入口，位置与用地入口临近，且较之北入口方式，东入口的光环境更佳

通过研究建筑形体与外部风向的关系，将过渡季建筑的通风排风口设置于此

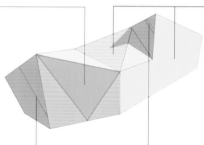

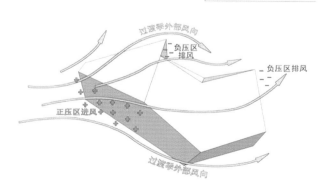

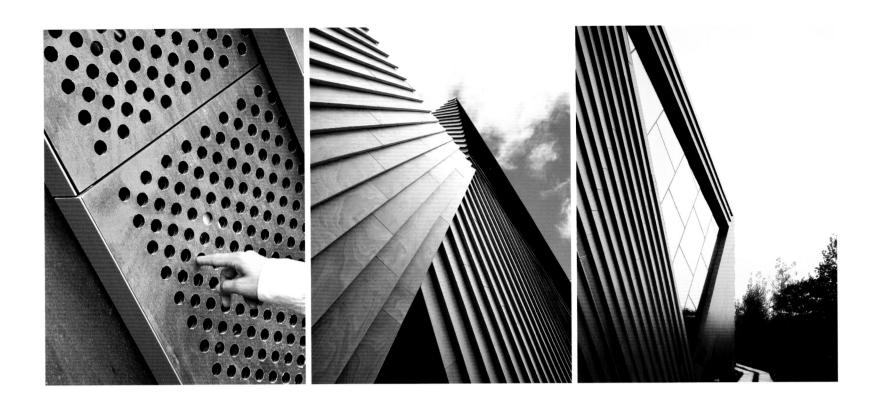

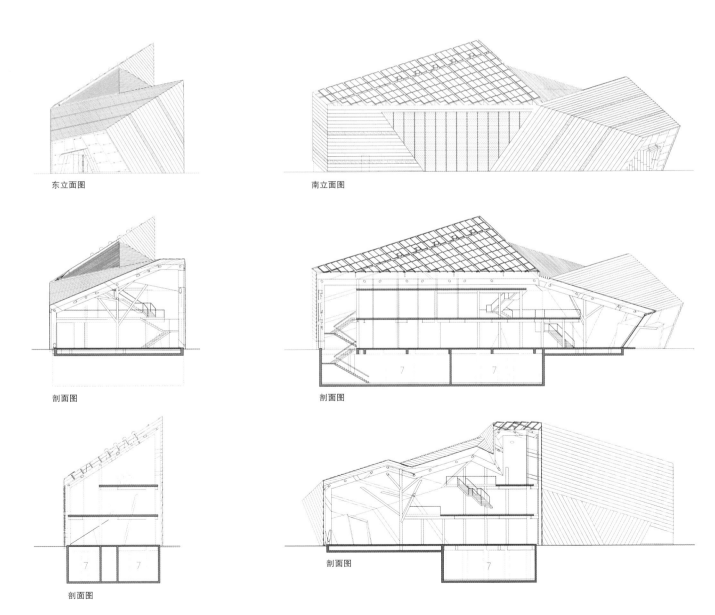

东立面图

南立面图

剖面图

剖面图

剖面图

剖面图

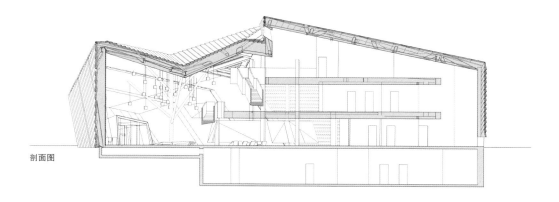

剖面图

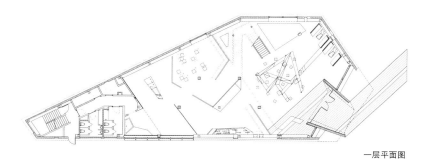

一层平面图

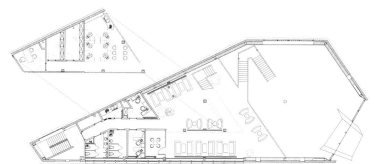

二层、三层平面图

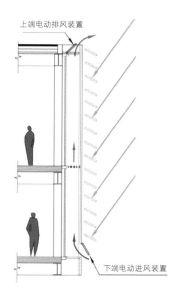

上端电动排风装置

下端电动进风装置

夏季：
开启上下排风装置；
冷空气从下端进入，
升温向上排出；
流动的空气循环为建筑降温。

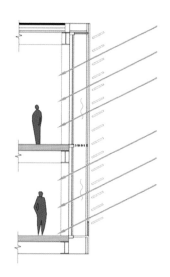

冬季：
关闭上下排风装置封闭空气层吸收太阳
热量，成为建筑保温层

崔勇

出生于1983年末，从小在青岛老城区里长大。

2002年考入中央美术学院。大学最后一年，只投了两份申请材料：北京建筑设计研究院的工作及荷兰代尔夫特理工大学的建筑研究生课程。毕业前，幸运地拿下了北京建筑设计研究院入院考试全国第一名，被分配了北京户口和房子。但最终还是义无反顾地选择了留学深造。

留学期间，对工业设计产生了浓厚的兴趣。在完成繁重的建筑课业之后，坚持钻研卫浴设计，每日3、4小时睡眠，持续了一年。经过了39次拒绝，一家德国品牌采纳了我的龙头系列，那是给他们投的第40套设计。

2010年研究生毕业后获得荷兰注册建筑师执照，分别在KCAP、 NL Architects、OMA建筑公司工作。期间与4名规划师和建筑师合作阿姆斯特丹南区的规划项目，并获得了欧洲青年建筑师竞赛奖。

29岁那年，用卫浴设计和建筑设计工作攒下来的积蓄，在荷兰创办了Society Particular事务所。公司目前设有建筑设计部、工业设计部及水上设计部。选择在鹿特丹创业最主要的原因是这里汇聚了欧洲的精英建筑师，团队里的设计师成长在充满善意的社会之中，生活单调亦单纯，这种强大的安全感促使大家毫无顾忌地去追求各自的建筑理想。

崔勇：若把建筑比做时尚，那么我的作品没有风格，但每一寸都是贴合城市量身定制的

崔勇的设计从无数遍推敲、解剖、深化，甚至颠覆任务书开始。因为任务书外往往有很多来自城市、公共等各方面的诉求，他会逐个挑出这些隐形的需要，缜密剖析，并引导甲方做出最优化的选择。一个好的设计可以全面地、敏锐地、细致地照顾所有诉求。而这些深层诉求的多样性恰恰决定了设计风格的多变性。

在全球化背景下，中国的商业综合体类型的建筑呈现出臃肿、封闭的"大商场"类型，给城市建设带来了种种问题。在"南通三创中心"项目的设计实践中，我们主张重新思考城市中商业中心的定位、功能和价值，为综合体类型建筑寻求更人性化的尺度。我们不局限于设计建筑，还策划了建筑功能并设计了活泼的街区。在空间上、功能上、尺度上、流线上激活城市生活的多样性与丰富性，进而让城市更有竞争力与吸引力。

在高容积率的限定下，建筑不可避免成为摩天大楼，如何赋予摩天大楼以人性尺度，除了通过建筑体量、流线、公共空间表现，更本质的是通过功能表现。我们在设计初期花了很多时间调研城市、区域与居民需要什么；以及这些需求有没有可能转化为商业；这些商业能不能服务人与城市。从而提出了教育类型商业、文化类型商业及国内首创的信息数字中心（Mediateque）等功能。

我们对国内的现有综合体建筑做了类型分析，发现他们普遍为单一的商业裙房加办公塔楼。趋同的综合体建筑把所有活动限制其内，体量庞大，不适宜坐落于市中心。通过断开大型建筑体量，我们可以创造公共空间，衍生的临街面与城市直入口也可为商业活动创造更多利益。

基地内被拆除的民居的建筑尺度非常吸引我们，我们提议利用这种自发尺度作为设计的参考。设计中8.4米乘8.4米的网格易于调整和组合，对需求不同的户主非常实用。

通过堆叠单元形体，我们重塑基地拆迁之前人性化的尺度与空间体验。同时使其高密度化，并在体量之间创建更舒适、活泼、开放的公共空间。同时提供了更自由丰富的绿化和密化城市方法。

寻求更人性化的宜居环境早在1967年加拿大世博会项目中被讨论与实践。建筑师M.Safdie在60年代社会主义思潮的影响下，设计了解决城市高密度生活挑战的住宅项目，至今仍是蒙特利尔最炙手可热的住宅之一。该设计利用多种用途的模块，组织了16种不同配置的生活空间。由于建设成本昂贵，原规划的950个模块化单元，仅建成了了354个，建筑师原本设想的商业和公共基础设施也未能实现。

"人居67"项目创造了健康、优雅的生活环境，但它一直没有在大尺度上被实践。而在"南通三创中心"的方案中，我们把高效经济的塔楼放置于活泼的像素化结构之上，转"乌托邦"为实践。近些年学术届亦有一些重振模块化生活环境的概念尝试，其中最成功的案例是由TU Delft大学组织的"开敞塔楼"研究。我们在此研究的方法论上展开设计，突破了学术框架，以城市文脉与功能推敲建筑形体。

总之，面对"创新"这样的命题，年轻建筑师很容易被诱惑以"建筑外观形式上的标新立异"切入设计。在中国新数字时代的背景下，我们认为：形式创新只是皮毛，重要的是建筑内容与功能的创新。建筑不但要反映时代，更要服务于生活、创造体验以及营造价值。"像素化"，因其无限的灵活性，显然是解决以上问题的绝佳方案。前辈建筑师们与理论家的"像素化"尝试都是建立在对"模块"的自身优势的兴趣之上，研究高效的构造与改造方法或者分析空间可能性；而我们在实践中要跳出建筑视野，从城市设计角度出发，营造出一座生机勃勃的"城中城"，并且把"像素"的灵活性、宜人性、功能性巧妙地融入周边文脉与环境中，创造出高品质的城市生活和体验。

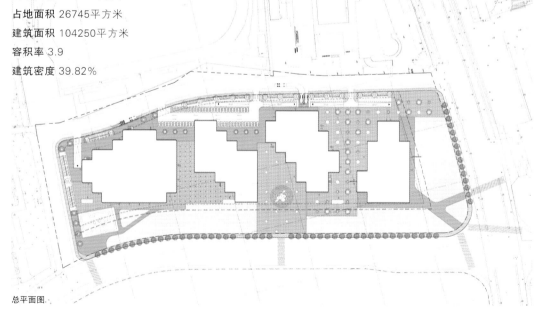

南通三创中心坐落于江苏省南通市教育区的中央地带，它将为迅速增长的高科技产业和金融产业提供重要的发展空间。

三创中心将面向初创企业，为其提供必要的基础设施，并营造区域内的商业中心；同时巩固、充实周边的学术机构活动。三创中心不仅为创业、创新、创投企业提供高度灵活、经济实惠的办公空间，更服务于日常城市生活。

数字时代背景下建筑的创新不仅是形式的创新，更重要的是功能的创新。"三创中心"的方案正体现了为创业、创新、创投企业所提供的必需的支持。它功能上最大的突破就是引进了全球领先的信息数字中心，它将不仅是南通前所未有的，在国内也是首创。

基于目前中国的商业综合体类建筑存在的一些问题，南通三创中心更加主张重新思考城市中商业中心的定位、功能和价值。同时，项目对"模块式像素化建筑"的运用也提升到了一个新的高度，无论是在设计概念上还是在方法上都是前所未有的。

项目信息：

项目地址 江苏省，南通市，崇川区五一路

主持建筑师 崔勇

设计公司 Society Particular事务所

设计时间 2013年7月

竣工时间 2015年2月

用地面积 43686 平方米

占地面积 26745平方米

建筑面积 104250平方米

容积率 3.9

建筑密度 39.82%

总平面图

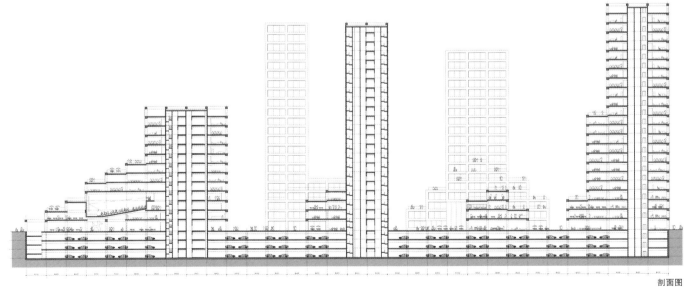

剖面图

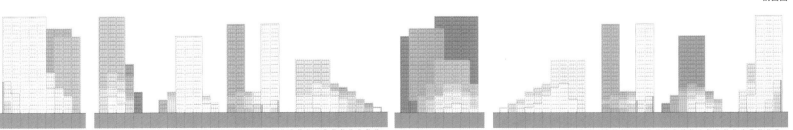

立面图

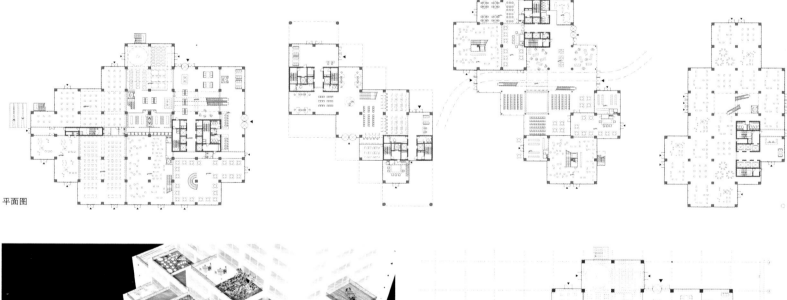

平面图

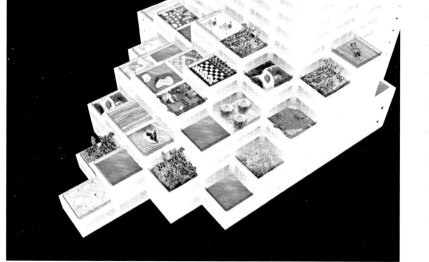

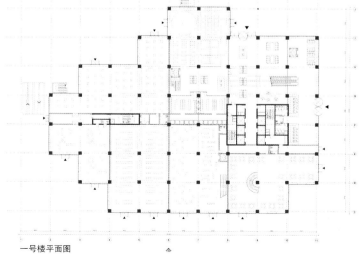

一号楼平面图